AF363437

LES SAVANTS MODERNES & LEURS ŒUVRES

BUFFON

LES OISEAUX

ORNÉ DE 52 GRAVURES

J. LEFORT, Editeur

LILLE, rue Charles de Muyssart, 24.   PARIS, rue des Saints — Pères, 30.

BUFFON

Gr. in-8º. 4º série.

BUFFON

MADAME LA COMTESSE DROHOJOWSKA
née Symon de Latreiche.

LES SAVANTS MODERNES ET LEURS ŒUVRES

BUFFON

LES OISEAUX

orné de 52 gravures.

DEUXIÈME ÉDITION

LIBRAIRIE DE J. LEFORT
IMPRIMEUR ÉDITEUR

LILLE | **PARIS**
rue Charles de Muyssart, 24 | rue des Saints-Pères, 30

INTRODUCTION

« Indépendamment des ouvrages didactiques proprement dits, nous estimons qu'il importe de mettre entre les mains des jeunes gens, des livres qui les initient de bonne heure aux méthodes des sciences d'observation, et développent en même temps chez eux l'esprit pratique. »

Le désir, ou plutôt le vœu, exprimé dans ces lignes, nous a suggéré le plan de la collection dont nous offrons les premiers volumes au lecteur, et que nous intitulons : *les Savants modernes et leurs œuvres*.

Faire mieux connaître les hommes remarquables auxquels, dans notre France, les sciences doivent les merveilleux progrès qui ont signalé notre siècle et la fin du siècle dernier; reproduire, non pas des extraits amoindris et trop souvent retouchés de leurs œuvres, mais des parties entières (1) et textuelles de leurs travaux; en un mot, montrer l'homme, sa

(1) Sauf bien entendu certains détails techniques qui ont dû être supprimés.

méthode, ses découvertes et son style, tel est le but que nous nous proposons.

L'histoire naturelle ayant par elle-même un grand attrait, c'est par un groupe de grands naturalistes que nous commençons cette série de portraits et d'études.

Buffon y réclame la place d'honneur; on l'a appelé à juste titre *le prince des écrivains* en même temps que *le prince des naturalistes*. A aucune autre époque, en effet, la nature n'a été mieux étudiée, plus profondément pénétrée et plus merveilleusement dépeinte.

Les critiques cependant ne lui ont pas manqué; mais c'est en vain que de mesquines rivalités ont cherché à amoindrir son œuvre. A mesure que le temps s'écoule, l'esprit de parti s'efface, et l'immortel génie qui a ouvert à l'histoire de la nature des horizons jusque-là inconnus, apparaît dans tout son éclat.

BUFFON

I

UFFON, nommé d'abord Georges-Louis Leclerc, naquit le 7 septembre 1707, à Montbard, en Bourgogne ; il prit plus tard le nom et le titre de sa terre (Buffon), érigée pour lui en comté.

Sa vie, dit Geoffroy-Saint-Hilaire dans la remarquable étude qui va nous servir de guide ; sa vie remplie par l'étude fut calme, uniforme et prolongée, et ne fut troublée que dans ses dernières années, lorsque Buffon fut éprouvé par les vives souffrances d'une cruelle maladie intérieure. Il ne crut pas à l'efficacité de l'art chirurgical, et il succomba dans d'atroces douleurs, durant les premiers orages de la révolution. Ce fut le 16 avril 1788 ; il était alors âgé de quatre-vingt-un ans.

Son père, Benjamin Leclerc, occupait une place de conseiller au Parlement de Dijon, et sa mère, qu'il perdit jeune, lui laissa la disposition d'une grande fortune. Ainsi sorti d'une noble et riche famille, il eut besoin d'une forte volonté pour résister aux séductions de cette vie molle et oisive dont sa position sociale lui offrait le privilège.

Une heureuse circonstance lui fit connaître un jeune Anglais de son âge, le duc de Kingston, avec lequel il se lia intimement et dont le gouverneur, homme instruit, lui inspira le goût des sciences.

Tous trois voyagèrent quelque temps en France et en Italie. Buffon passa ensuite quelques mois en Angleterre. Pour se fortifier dans la connaissance de la langue anglaise et sans rien négliger de l'étude des sciences, il traduisit deux ouvrages célèbres et de genres bien différents, la *Statique des végétaux*, par Hales, et le *Traité des fluxions*, par Newton. Ces traductions et les préfaces qu'il y joignit furent les premiers essais dans lesquels il se révéla à lui-même.

Ces publications le firent en même temps connaître du public et de l'Académie des sciences.

Buffon ne quitta plus cette voie de recherches dans laquelle il venait d'essayer et d'engager son talent. Cherchant toujours à pénétrer au fond des choses, et, pour y réussir, appelant à son aide les documents de la géométrie, de la physique, de l'économie rurale, il fit sur ces divers sujets des recherches qu'il présenta successivement à l'Académie des sciences, dont il fut appelé à faire partie dès l'âge de vingt-six ans (1733).

Celui de ses travaux, dans cette première époque, qui dévoile le mieux le secret de sa pensée et commence en quelque sorte son entrée en carrière, est l'entreprise pleine de témérité qui le porta à construire un immense miroir dans le genre de celui d'Archimède. Son point de mire, c'est le soleil. Que veut donc tenter, vis-à-vis de ce géant des mondes, ce fils de la terre, humble satellite du soleil? — Buffon veut employer et démontrer à sa manière la source première de la puissance qui réside dans le soleil, et il se flatte d'y réussir s'il en concentre et en dirige les feux dévorants sur des corps qu'il incendiera à de grandes distances.

D'autres expériences du même genre sur la résistance des bois, tendent à démontrer qu'on peut parvenir à accroître cette résistance, en écorsant les arbres avant de les abattre. Puis il

se livre à d'autres recherches d'économie rurale dont Duha-
mel du Monceau lui dispute la priorité.

Dans ces diverses investigations, Buffon, à vrai dire, ne
fait encore qu'essayer les forces de son génie et qu'errer, si
l'on peut ainsi parler, dans les tentatives d'une éducation
scientifique trop prolongée. Il n'est au fond animé que d'un
désir vague de savoir et de gloire; mais tout à coup une circonstance fortuite l'amène sur un théâtre où il se fixe pour
toujours.

Son avenir est décidé : l'histoire naturelle sera l'occupation
de sa vie, et la nature trouvera en lui le contemplateur synthétique et transcendant de ses merveilles qui, ne se bornant
pas à les admirer, s'attachera à les décrire, peut-être de-
vrions-nous dire à les peindre, avec le pinceau du génie.

II

La circonstance fortuite, qui décida ainsi de l'avenir de
Buffon, fut sa nomination à l'emploi d'intendant ou administra-
teur du Jardin du Roi.

Cet établissement célèbre, appelé d'abord *Jardin royal des
plantes médicinales*, avait été une création des principaux médecins de la cour, et leur était resté en *sur-intendance*, comme
une annexe lucrative de leur emploi. Dans les mains de ces
vieux courtisans, dont les exigences et l'avarice en faisaient une
ferme à revenus, les devoirs de l'institution furent négligés;
et celle-ci, viciée sous tous les rapports, tombait, périssait
de décrépitude lorsqu'enfin l'opinion publique fit entendre de
vives réclamations et réussit à se faire écouter.

Sur le cri général qui s'éleva contre les médecins de la
cour, la direction du Jardin du Roi leur fut retirée; elle resta

confiée, sous le titre d'*intendant*, à un jeune officier d'un rare mérite, honoré pour sa loyauté, fort bien en cour, et que son goût passionné pour les sciences, joint à des travaux remarquables, avait fait entrer à l'Académie.

Dufai, ce jeune officier, devenu ainsi le prédécesseur de Buffon, comprit, aima et remplit sa mission avec ardeur. Ses rapides succès avaient dépassé les espérances qu'il avait fait concevoir, lorsqu'une maladie imprévue et jugée mortelle dès son début vint le frapper. Dès lors le malade s'inquiète de l'avenir de son œuvre; les amis de la science, le public lui-même, partagent cette préoccupation. On s'occupe avec chaleur de cette question, on l'agite dans les cercles où l'on est habitué à débattre les intérêts de la science.

Alors Hellot, l'illustre chimiste de l'Académie des sciences, s'interpose. Ami de Buffon, et sachant tour à tour et au besoin se montrer insinuant, ou ferme et décidé, il va, un pli à la main, trouver Dufai mourant.

— Buffon, lui dit-il, est seul en mesure, par sa puissance de caractère, de continuer votre œuvre de régénération; éteignez donc les sentiments de rivalité qui vous ont éloigné de cet ancien ami, et demandez-le pour successeur au moyen de cette lettre que je vous présente à signer.

Dufai signa, et le ministre Maurepas ayant agréé la proposition qui lui parvint sous cette forme, Buffon succéda à Dufai, qui mourut, quelques heures après avoir exprimé ce dernier vœu, à l'âge de quarante et un ans.

Rien n'avait donc été prévu touchant cet événement, qui fixait à point nommé la destinée de Buffon; rien de préexistant pour y préparer ce grand maître, si ce n'est l'aptitude de sa haute intelligence et les dons particuliers de son génie.

Cependant que d'obstacles à surmonter! Buffon n'a pas fait, en ces nouvelles matières qui s'imposent à lui, d'études préparatoires, et s'il doit aborder les grandes questions de la science, il ignore les premières règles de l'association des êtres et du mécanisme de leur distribution dans les classifications.

D'où lui vint donc sa confiance, et comment, sans y avoir à peine réfléchi, osa-t-il organiser son vaste plan de travaux réformateurs. Sans doute il écouta une voix intérieure et se livra au pressentiment de son génie. Il comprit qu'il avait en lui la puissance d'accomplir l'une des plus belles missions des temps modernes. Il se dit qu'il y appliquerait sa théorie des *faits nécessaires*, théorie qu'il tenait en effet pour infaillible et qui fut toujours comme un fanal heureusement placé sur sa route pour le guider dans les voies de l'avenir.

Tout, en effet, se lie et pour ainsi dire s'enchaîne dans l'univers ; tout se trouve attaché par un ensemble de relations et de filiation, laquelle donne à toutes choses leur raison d'existence.

Cette notion avait fait concevoir à Buffon une théorie des *faits nécessaires*, qu'il ne nomme point ainsi, mais qu'il emploie constamment comme susceptible de le porter à des prévisions et des devinations certaines. Chaque fois que des éléments, anneaux d'une chaîne continue, manquent et interrompent la série, il y supplée hardiment d'après sa féconde théorie. Ainsi, ce qu'un esprit de cette trempe suppose et conçoit comme ayant dû exister, il le voit au titre d'*un fait* qui fut dans le principe : il comprend cette lacune, et il y supplée au point d'y placer en quelque sorte son aperçu intuitif.

Bientôt d'ailleurs des mesures pleines de sagesse et de prévoyance sont prises par l'illustre naturaliste. Sentant le besoin de recourir à un emploi simultané des deux méthodes, l'*analyse* et la *synthèse*, il se réserve les puissantes combinaisons et la responsabilité de celle-ci ; il place en elle ses pressentiments de gloire pour l'avenir. L'analyse, au contraire, il la confie à un collaborateur d'un caractère facile et plein d'aménité, d'un esprit calme et persévérant, et doué des qualités d'un habile observateur, en ce qui concerne l'étude attentive et l'appréciation des faits particuliers. Ce collaborateur, c'est Daubenton.

Cette sage distribution des rôles était prescrite à Buffon par les données de sa position personnelle. Pour être naturaliste, c'est-à-dire pour s'essayer dans la peinture des scènes de la nature, il faut jouir d'une vue nette et lucide; or Buffon, par l'état de ses yeux corporels, se trouvait privé du complet développement de cette faculté; il était né myope. Mais un tel obstacle n'arrête pas un homme de génie; c'est du secours des yeux de l'esprit, c'est d'une vision intellectuelle, étendue et pénétrante, que Buffon sentait le besoin pour l'exécution de son plan. Pour s'élever à des aperçus profonds touchant le mécanisme de l'univers, ne devait-il pas recourir de préférence à la perception des *faits nécessaires*, à l'emploi, exercé toutefois avec une sage discrétion, de sa théorie favorite, et si, pour la connaissance des faits en eux-mêmes, son incapacité lui interdisait trop l'action d'une étude directe, cet inconvénient n'était-il pas merveilleusement atténué et presque effacé par la collaboration d'un observateur tel que Daubenton?

Ce savant médecin, en qui Buffon trouva une profonde instruction comme zootomiste, et de plus la bienveillance d'un ami dévoué, accepta le rôle modeste, bien que très important, de descripteur des détails, comme formes zoologiques et anatomiques. Ce rôle, cette subordination, cet heureux accord furent providentiels; grâces en soient rendues au cœur et à l'esprit du jeune collaborateur : ils renfermaient tout l'avenir d'un savoir profond.

Daubenton entra en charge dans l'établissement du Jardin du Roi avec les fonctions et le titre de *démonstrateur du cabinet d'histoire naturelle*.

Les deux amis (1) durent se renfermer dans une retraite

(1) « Leurs deux familles s'unirent à la première génération. M. Daubenton avait une nièce qui devint la seconde femme du fils unique de Buffon. Mᵐᵉ la comtesse de Buffon, veuve après un an de mariage, concentra en sa personne l'héritage et les titres des deux immortels auteurs de l'*Histoire naturelle, générale et particulière.* »

profonde et s'absorber dix années entières dans une médita-
tion laborieuse, d'où ils sortirent pour étonner le monde.

Pendant ces dix années de retraite — de 1739 à 1749, — les
auteurs, passant d'abord par des études du premier âge,
élaborent leurs premiers et admirables écrits, et se montrent,
dès le début, les plus savants interprètes que la nature eût
encore rencontrés.

Ce n'est pas cependant que l'histoire naturelle ait été
jusque-là close pour la science. L'humanité, que ses instincts,
ses besoins et ses progrès continus devaient amener sans
cesse et nécessairement aux études et au spectacle de la
nature, s'était déjà, avant que parussent les travaux de notre
immortel Buffon, élancée au loin dans cette voie, et deux
fois même y était parvenue à l'apogée : une première fois,
inspirée par les vues profondes d'Aristote, et, une seconde,
dans la Rome des Césars, quand un savoir d'encyclopédiste,
disert plutôt que philosophique, mais animé par l'habileté du
grand écrivain, lui servant d'interprète, Pline avait donné ce
qu'il appelait son *Histoire du monde*.

Or ce fut la mission de Buffon de comprendre, de rallier
et de reproduire le savoir de ces deux émules, et de les sur-
passer autant par la force de la pensée que par l'éclat de son
génie poétique et platonique.

Ici, nous ne devons pas omettre les travaux non moins
recommandables et contemporains de ceux de Buffon, et dont
l'auteur a droit d'être mis en parallèle de notre grand naturaliste.

« Alors, en effet, que dans les siècles précédents la zoologie
n'avait présenté à l'admiration qu'un seul grand homme,
Aristote, le xviiiᵉ siècle devait en présenter deux, Linné et
Buffon. Qui eût osé espérer de la Providence qu'elle doterait
à la fois l'humanité de deux de ces rares génies qu'elle se plaît
d'ordinaire à nous montrer de loin en loin, comme ces mé-
téores éclatants qui traversent tout à coup le ciel aux accla-

mations des peuples, et dont le magnifique spectacle ne doit
se renouveler ni pour les hommes qui l'ont une fois contem-
plé, ni, après eux, pour plusieurs générations (1). »

Linné et Buffon sont nés précisément dans la même année
et à quatre mois de distance, l'un en mai et l'autre en septembre 1707. Linné vint au monde dans une contrée encore
à demi sauvage, en Suède. Né pauvre, engagé dans une lutte
longue et pénible contre l'adversité, il en triomphe à force
de persévérance et conquiert enfin un rang éminent parmi les
grands hommes du xviii⁰ siècle. Il se borne, il est vrai, à
reprendre les faits au point où d'anciennes tendances intellec-
tuelles les avaient versés dans la pensée publique ; mais il
les coordonne, y ajoute ses réformes et s'interpose au milieu
d'eux en législateur.

Buffon reste, au contraire, l'enfant de son œuvre. Toujours
confiant dans les données de son *à priori*, il se flatte que
ses conceptions s'élèveront jusqu'aux plus hautes régions de
la science.

Linné est déjà dans la voie pratique de ses recherches en
1735, voyageant et donnant, à Leyde, la première ébauche
de son *Systema naturæ*, quand Buffon s'ignore encore lui-
même comme naturaliste. Ce n'est que quatre ans plus tard
qu'il est amené à se porter le contemplateur synthétique et
transcendant des merveilles de la nature. Ainsi, avant que
Buffon eût fait ses premiers pas dans la science, Linné en
tenait déjà les clefs.

Plusieurs éditions successives du *Systema naturæ*, où le
nombre des détails observés s'accroissaient indéfiniment, où
les classifications gagnaient en clarté, ayant attiré sur le naturaliste suédois l'attention du public, accoutumèrent les zoolo-
gistes à préférer ce plus facile enseignement.

Rendre à Buffon le rang qui lui appartient, comprendre
ce qu'il y a de notions progressives et utiles dans chacune des

(1) Isidore Geoffroy-Saint-Hilaire : *Revue des deux Mondes*, année 1837.

deux écoles et les combiner entre elles, me semble devoir
devenir, en définitive, l'œuvre de la fin du XIXe siècle.

Buffon, entré plus tard que Linné dans les pensées et les
grandes vues du naturaliste et comprenant seul toute l'étendue
et la portée de ses recherches, eut alors, seul aussi, le sentiment de ses forces. S'engageant dans une route qu'il lui fallut
se frayer à lui-même comme aux autres, et à mesure que
l'exigeaient les lacunes de l'observation, il se trouva avoir
disposé au savoir et de cette manière avoir formé le goût de
critiques qui, en restant au point de vue des considérations
de détails, s'en venaient aussitôt lui contester son rang de
maître, sa place de chef d'école...

Cette opposition systématique ne craignit pas de s'appuyer
sur une glorification exagérée de l'œuvre de Linné. Entraînés
par le sentiment public à reconnaître en Buffon un sublime
écrivain, ses détracteurs — et ils étaient nombreux — lui
contestaient le titre de naturaliste éminent. A son langage
rempli de pompe et de magnificence, ils reprochaient de
n'être point *linnéen;* à ses belles pages sur les habitudes des
animaux et sur l'importance individuelle et physiologique des
œuvres vivantes de la création, ils eussent voulu substituer
quelques-uns de ces traits par lesquels ils prétendaient résu-
mer leur histoire d'espèces et déterminer leur rang dans la
classification. Telles étaient les prétendues imperfections du
naturaliste français, contre lesquelles l'esprit révolutionnaire
des naturalistes de Paris imagina d'aller protester par des
courses faites au Jardin des Plantes en l'honneur de Linné,
dont le buste fut pompeusement déposé, en 1793, sous les
ombrages du grand cèdre du Liban.

Il s'agissait bien moins, on le comprend, de la glorification
de la mémoire de Linné que d'une manifestation contre l'école
de Buffon, à laquelle on reprochait d'avoir trop accordé à
l'imagination et à la poésie. Efforts malheureux de quelques
entomologistes en particulier, dont la postérité n'a tenu aucun

compte ; c'est que le public, où aboutissent tous les sentiments divers, où se concentrent tous les besoins des classes, et qui jouit ainsi d'une vue instinctive aussi étendue que sûre, rejeta comme erronées toutes ces condamnations de parti.

La force et l'élévation de la pensée s'imprègnent nécessairement d'imagination et de poésie ; c'est pourquoi tant d'éditions de l'*Histoire naturelle, générale et particulière*, se succédant si rapidement, sont des monuments qui rappellent à leur manière et qui sanctionnent ce jugement de quelques contemporains de Buffon, ce cri d'admiration que ce grand homme eut le bonheur d'entendre de son vivant, qu'il vit aussi tracé au bas de sa statue en ces termes : *Majestati naturæ par ingenium.*

III

.... Nous avons insisté d'autant plus sur les circonstances qui poussèrent Buffon dans la voie où devait se fixer son génie, et sur l'époque tardive de son entrée en carrière, que ses biographes, et surtout ses critiques, sont loin d'y avoir accordé jusqu'à présent toute l'attention dont elles sont dignes. Là se trouve cependant la clef de l'œuvre de Buffon, l'explication de l'ordre suivi par lui et celle des défauts qu'on peut signaler dans ses premiers volumes surtout (1).

Mais à mesure que Buffon avance dans l'exécution de son œuvre, comme il grandit! Plus se développe en lui cette

(1) Dans ces premiers travaux, Buffon ne fit point, de la ressemblance des êtres, le motif de l'exposition et du classement de ses quadrupèdes vivipares. Cette distribution, n'ayant pour base ni les rapports de famille, ni les divers degrés d'affinité qui lient les quadrupèdes entre eux, « n'était et ne pouvait être pour Buffon qu'une combinaison propre à déguiser son peu d'habitude dans l'art d'apprécier ces rapports et ces affinités.

» C'est ainsi que, plaçant dans chacun de ses volumes les faits graduellement appris par lui, en réglant ses publications sur les progrès

tendance éminemment progressive, et plus cette puissance de
généralisation éclate. Le génie de Buffon est partout égal à lui-
même ; s'il émet quelquefois, au commencement de ses travaux, des erreurs, plus tard rectifiées par lui-même, c'est que
le savoir des faits lui manquait encore, mais non la grandeur
philosophique des idées.

Buffon a été un de ces génies à part qui s'avancent au loin
dans l'avenir, et qui dépassent à la fois les hommes de leur
temps et ceux de l'époque suivante. On le voit aborder avec
hardiesse et pénétrer avec un génie qu'on pourrait appeler
devinateur des questions tellement ardues et nouvelles que
leur intelligence complète et leur solution définitive n'ont pas
encore été trouvées, malgré les progrès des sciences depuis
un siècle.

J'en citerai comme exemple un passage qui parut deux ans
avant la mort de Buffon, et que les auteurs de nos jours ont
négligé, bien que l'on doive admirer également, dans ce fruit
de la vieillesse d'un grand homme, la perfection du style et la
profondeur des idées. Buffon s'y montre encore tout entier
avec son immense faculté synthétique, avec l'incomparable
puissance de son intuition, avec tout l'éclat d'une élocution
dont le lecteur sera juge. C'est un extrait du chapitre *Pétrifications et fossiles*, tome IV de l'*Histoire naturelle des minéraux* (1) :

de sa propre instruction, il adopte de préférence pour principe de la
distribution de ses animaux les distinctions suivantes :

» 1° Il considère, en premier lieu, les quadrupèdes que l'homme emploie près de lui et qu'il loge dans ses demeures.

» 2° Il passe ensuite aux bêtes fauves des diverses parties de l'Europe.

» 3° Après elles, il fait l'histoire des autres quadrupèdes, s'attachant
particulièrement et accordant la préférence à ceux qui lui paraissent
jouer le plus grand rôle dans la nature.

» 4° Enfin il aborde la considération des singes et des autres animaux
à quatre mains ; ces êtres ambigus, à structure indécise, dans lesquels
l'instinct du vulgaire aussi bien que le savoir des naturalistes recon-
naissent les conditions évidentes d'un type à part, et voient une famille
placée par le Créateur entre l'homme et les quadrupèdes. »

(1) Publié en 1786.

« On reconnaît évidemment, dit-il, dans la plupart de ces pétrifications, tous les traits de leur ancienne organisation, quoiqu'elles ne conservent aucune partie de leur première substance. La nature en a été détruite et remplacée successivement par le suc lapidifiant auquel leur texture tant intérieure qu'extérieure a servi de moule, en sorte que la forme domine ici sur la matière au point d'exister après elle.

» Cette opération de la nature est le grand moyen dont elle s'est servie et dont elle se sert encore pour conserver à jamais les empreintes des êtres périssables. C'est, en effet, par ces pétrifications que nous reconnaissons ses plus anciennes productions, et que nous avons une idée de ces espèces maintenant anéanties dont l'existence a précédé celle de tous les êtres actuellement vivants ou végétants. Ce sont les seuls monuments des premiers âges de la terre ; leur forme est une inscription authentique qu'il est aisé de lire en la comparant avec la forme des corps organisés du même genre ; et comme on ne leur trouve point d'individus analogues dans la nature vivante, on est forcé de reporter l'existence de ces espèces actuellement perdues au temps où la chaleur du globe était plus grande et sans doute nécessaire à la vie et à la propagation des animaux et des végétaux qui n'existent plus.

» C'est surtout dans les coquillages et les poissons, premiers habitants du globe, que l'on peut supposer un plus grand nombre d'espèces qui ne subsistent plus. Nous n'entreprendrons pas d'en donner ici l'énumération qui, quoique longue, serait incomplète. Ce travail sur la vieille nature exigerait seul plus de temps qu'il ne m'en reste à vivre, et je ne puis que le recommander à la postérité. Elle doit rechercher ces anciens titres de noblesse de la nature avec d'autant plus de soin qu'on sera plus éloigné du temps de son origine ; en les rassemblant et les comparant attentivement, on la verra plus grande et plus forte dans son printemps qu'elle ne l'a été dans les âges subséquents ; on suivra ses dégradations, on reconnaîtra les pertes qu'elle a faites, et on pourra déterminer encore quelques époques dans la succession des espèces qui nous ont précédés.

» Les pétrifications sont les monuments les mieux conservés quoique les plus anciens de ces premiers âges. Ceux que l'on connaît sous le nom de fossiles appartiennent à des temps subséquents ; ce sont les parties les plus solides et les plus dures et particulièrement les dents des animaux qui se sont conservées intactes ou peu altérées dans le sein de la terre.

» Les dents de requin, que l'on connaît sous le nom de *clossopètres*, celles d'hippopotame, les défenses d'éléphant et autres ossements fossiles sont très rarement pétrifiés. Leur état est plutôt l'ivoire de l'éléphant, du morse, du narwal et celui d'une décomposition plus ou moins avancée. Tous les os, dont le fond de la substance est une terre calcaire, reprennent d'abord leur première nature et se convertissent en une sorte de craie. Ce n'est qu'avec le temps, et souvent par des circonstances locales et particulières, qu'ils se pétrifient et reçoivent plus de dureté qu'ils n'en avaient naturellement.

» Les turquoises sont le plus bel exemple que nous puissions donner des pétrifications osseuses, qui néanmoins sont incomplètes ; la substance de l'os n'y est pas entièrement détruite, ni pleinement remplacée par le suc vitreux ou calcaire. »

Je me borne à cet extrait, et cependant c'est tout ce mémoire du prince des naturalistes, aussi riche de faits précis qu'admirable par ses notions généralisées, c'est cette peinture vivante de ce qui est et fut dans tous les temps, qu'il faudrait transcrire en entier. A ce moment, c'est le chant du cygne que ce grand homme fait entendre, et, bien qu'émanés d'une muse octogénaire, ces accents sont mâles et assurés.

Entendez, je vous prie, et soyez touchés de cette péroraison sublime, pleine d'âme et d'aperçus presque devinatoires :

« Je le répète, c'est à regret que je quitte ces objets

intéressants, ces précieux monuments de la vieille nature, que ma propre vieillesse ne me laisse pas le temps d'examiner assez pour en tirer les conséquences que j'entrevois, mais qui, n'étant fondées que sur des aperçus, ne doivent point trouver place dans cet ouvrage, où je me suis fait une loi de ne présenter que des vérités appuyées sur des faits (1).

» D'autres viendront après moi qui pourront supputer le temps nécessaire au plus grand abaissement des mers et à la diminution des eaux par la multiplication des coquilles, des madrépores et de tous les corps pierreux qu'elles ne cessent de produire. Ils balanceront les pertes et les gains de ce globe dont la chaleur propre s'exhale incessamment....

» Ils compareront le temps qu'il a fallu pour que les détriments combustibles des animaux et végétaux aient été accumulés dans les premiers âges au point d'entretenir pendant des siècles le feu des volcans ; ils compareront, dis-je, ce temps avec celui qui serait nécessaire pour qu'à force de multiplications des corps organisés, les premières couches de la terre fussent entièrement composées de substances combustibles, ce qui, dès lors, pourrait produire un nouvel incendie général, ou du moins un grand nombre de volcans ; mais ils verront, en même temps, que la chaleur du globe diminuant sans cesse, cette fin n'est point à craindre, et que la diminution des eaux, jointe à la multiplication des corps organisés, ne pourra retarder que de quelques milliers d'années l'envahissement du monde entier par les glaces, et la mort de la nature par le froid. »

Qui ne voit, dans ces passages du dernier travail de Buffon, l'accomplissement des hautes et grandes destinées humanitaires ? Qui aurait pu imaginer que, du sein de choses jusque-

(1) Il était réservé à Cuvier, dont nous racontons la vie et nous apprécions les travaux dans le quatrième volume de cette collection, de reprendre et de mener à bonne fin l'étude de ces précieux vestiges du passé, que le sol avait trop longtemps dérobés à l'attention et aux investigations de la science.

là incomprises, sortirait soudainement une aussi admirable révélation ? qu'un homme viendrait, d'un esprit encore plus instinctif que nourri d'études, et pénétrerait ainsi la loi des choses les plus cachées ? que cet homme, vraiment phénoménal, appelé seulement au milieu de sa carrière à s'asseoir en quelque sorte au sein de la création, en contemplerait l'immense spectacle et arriverait à en exposer le mystérieux mécanisme.

On a cependant cru longtemps, et beaucoup de personnes croient encore, que, laissant aux savants, qui devaient lui succéder, ce magnifique couronnement de ses travaux, Buffon avait omis de fouiller le sein de la terre pour y chercher les preuves d'êtres et de faits disparus de la surface du globe, mais demeurés inscrits dans ses entrailles.

Il est bien vrai que les géologues et les naturalistes de notre époque sont parvenus, les premiers, à sonder sur d'innombrables points les couches qui composent l'écorce de notre globe ; que, seuls, ils ont eu à leur libre disposition cette multitude de débris répandus dans les abîmes de la terre, médailles d'un autre âge, dont chacune, dans leurs mains habiles, a contribué à révéler la chronologie du sol que nous foulons.

C'est là une partie de l'histoire du monde avant que l'homme existât, et les premières pages en ont été écrites à notre temps et resteront une de ses gloires ; mais, je le répète, Buffon a porté le premier et au loin sa pensée sur ces âges antiques ; il n'est point resté étranger à la conception de ce qu'il devait y avoir, dans leurs phénomènes physiques, dans la nature de leur atmosphère, dans les conditions des organisations qui s'y étaient développées, de caractéristique et de profondément différent, eu égard à ce que nous voyons aujourd'hui autour de nous. Loin de contester à Buffon l'honneur de ces prévisions synthétiques, on doit reconnaître ses droits bien constatés à la priorité pour tout ce qui regarde l'histoire souterraine de notre globe. Il a dit le *pourquoi* et le *comment* de l'antique transformation des corps organisés en pierre, détruisant dans la mort la structure et les formes de la vie : exemples admirables de modelages opérés par la nature ; sculptures antédiluviennes que l'art humain semble imiter de nos jours, lorsque par lui des traits chéris et vénérés sont conservés pour l'avenir et transmis à la postérité.

Nous ne continuerons pas à suivre l'éminent biographe de Buffon (1) dans son analyse critique des qualités et des défauts de l'œuvre de « ce génie immortel, » dont il s'efforce, avec la double autorité du savant et de l'écrivain, de mettre la gloire en lumière, sans contester pour cela les erreurs inséparables d'une œuvre aussi considérable que la sienne. Dans cette partie de ses fragments biographiques, M. Geoffroy-Saint-Hilaire touche à des questions scientifiques d'un ordre trop élevé, à des faits trop délicats et trop controversés, pour que, dans un ouvrage comme celui-ci, nous puissions les présenter à nos lecteurs sans les faire précéder de considérations et d'exposés qui dépasseraient considérablement les bornes qui nous sont imposées et le but que nous nous proposons.

Nous n'oublions pas que c'est une simple notice que nous avons à faire sur Buffon, et laissant de côté le *savant*, dont nous avons cru devoir exposer l'ensemble des théories et des travaux, nous consacrerons à *l'homme privé* la fin de notre article. Ce sera encore le même éminent auteur qui nous servira de guide, ou plutôt qui nous prêtera son style et ses appréciations.

(1) Geoffroy-Saint-Hilaire.

IV

Des nombreux récits biographiques dont l'immortel naturaliste français a été le sujet, tant chez nous qu'à l'étranger,
résultent, selon Geoffroy-Saint-Hilaire, les données générales
suivantes :

Le goût dominant de Buffon était le faste et la représenta-
tion ; il avait un besoin insatiable de considération publique ;
sa mise était des plus soignées et sa tête haut portée. Il vivait
en grand seigneur, l'été, dans ses terres, et l'hiver, à Paris.
Dans ces deux positions, il recueillait d'instinct ou avec
réflexion les diverses sortes d'hommages qu'elles pouvaient lui
procurer.

A la campagne, il était pour les villageois un modèle de
soumission aux règles et devoirs sociaux ; les jours fériés, il
se rendait exactement à sa paroisse, où il occupait son banc
seigneurial.... En semaine, il dirigeait ses promenades vers
les champs où les travaux de la terre appelaient la popula-
tion.... Ses heures de travail étaient réglées ; il vivait en
famille dans son manoir principal et prenait une vive part à la
causerie de la société, qu'il aimait à y voir réunie ; puis le
penseur, le grand naturaliste se rendait au fond de ses jardins, dans un pavillon où, retiré et méditant, il devenait
inaccessible.

A Paris, ses relations personnelles devenaient tout autres.
Il entrait en communication avec « la grande société, » celle
des salons aristocratiques et des savants et hommes de lettres,
ses confrères ; il étendait les rameaux de sa correspondance
jusqu'aux têtes couronnées, car la puissance de son nom en

imposait à Frédéric II et à Catherine de Russie, qui se sont épuisés en avances et sont descendus avec lui aux manières de l'intimité pour l'attirer dans leurs Etats. Louis XV, gagné par l'exemple, lui décerna *de son propre mouvement* le titre de comte.

Mais la plus grande attention de Buffon, vivant à Paris, fut de se concilier le constant intérêt des ministres, non en vue de son ambition personnelle, mais pour en obtenir tout ce que son ardeur scientifique lui faisait désirer d'améliorations au Jardin du Roi. En ces questions, il était rare qu'il échouât, et ce qui assurait son triomphe, c'était, à part et au-dessus de ses assiduités courtoises auprès des ministres et de leurs premiers commis, sa réputation *méritée* d'agir avec désintéressement et toujours dans un sentiment de gloire française. Sous son intendance, le matériel s'accrut considérablement.

Son grand nom et son habileté dans les affaires l'amenèrent à mener à bonne fin de très difficiles négociations. Il parvint à se rendre si agréable à ses voisins, les moines de l'abbaye de Saint-Victor, propriétaires d'un immense terrain compris entre le Jardin du Roi et la rivière, terrain nécessaire et convoité pour l'agrandissement de l'établissement, que, bien que cette propriété, dite de main-morte, fût inaliénable, ils consentirent, fait unique et inouï dans les conditions où il s'accomplit, à la céder à l'Etat, déclarant n'avoir *rien à refuser à un Buffon !*

La puissance de son nom, qui avait préparé ce succès, s'imposait sur tous les points de la terre où les écrits du savant historien de la nature avaient pénétré. De tous côtés lui arrivaient des dons considérables ; il acceptait avec empressement pour le Muséum ; mais il ne consentait, sous aucun prétexte, à recevoir, comme souvenir ou hommage personnel, le moindre objet.

Le goût de l'histoire naturelle ainsi popularisé et propagé, il en résulta des correspondants dévoués et empressés. A la

Jardin des Plantes.

voix de Buffon, de nombreux échantillons furent dirigés sur
nos collections, mouvement dès lors imprimé et qui ne fut
plus interrompu.

Ainsi le Muséum d'histoire naturelle, sous Buffon et par
Buffon, a crû et prospéré en raison de ces deux causes si-
multanées : d'une part, par le concours d'esprits plus éclairés,
accordant leurs vives sympathies à l'amélioration du matériel
de cet important établissement; et d'autre part, cette amélioration obtenue, comme ayant amené la transformation d'une
modeste et ancienne fondation à l'état d'un monument scientifique.

De tout cela il résulta rapidement que le principal édifice
de l'établissement, ayant été autrefois une belle maison de
plaisance et qui avait satisfait à deux destinations : 1° celle
de servir de logement à l'intendant, et 2° celle d'offrir des
appartements pour le dépôt de divers produits pharmaceu-
tiques, devint insuffisant.

A chaque   ssement, Buffon livrait une pièce de son
logement ·   ce fut le local de sa bibliothèque; puis, en
   ni   , il livra tout son logement. Ne reculant devant aucu
      ice, il se plaça à loyer dans le voisinage où il dem   a
        à l'acquisition d'un hôtel enclavé qui lui fut afféré.

Un   conte à ce sujet une anecdote qui, en montrant Buffon
aux p   avec les faits sociaux de son temps, fait ressortir
les dispo   ions de bienveillance qui se conciliaient chez lui
avec un   nante fermeté de caractère.

    s arrangements avaient été pris pour la remise et l'occu-
pation de l'hôtel. Buffon avait offert les plus grandes facilités;
il avait fait en délais et en concessions pécunières bien au
delà de ce qui lui était demandé, mais sous la condition
expresse qu'au jour fixé (car il reviendrait pour cela de la
campagne) il serait irrévoca   t mis en possession. ' 1
promit sans tenir parole; mais lui, revenu comm il l'avait
annoncé, il fit, pour premier avis de son retour, tr vailler de

grand matin à enlever la toiture de la maison. La pluie était
battante ; la remise des lieux fut faite le soir même.

Buffon mourut à Paris, le 16 avril 1788.

Parmi les œuvres nombreuses qu'il a laissées , nous choisis-
sons, pour en reproduire les parties les plus intéressantes :
l'*Histoire des oiseaux*.

Grèbes (palmipèdes).

HISTOIRE DES OISEAUX

ET ouvrage, dit Buffon en parlant de son *Histoire des oiseaux*, est le fruit de près de vingt ans d'études et de recherches; et quoique, pendant le même temps, nous n'ayons rien négligé pour nous instruire sur les oiseaux et pour nous en procurer toutes les espèces rares, nous devons néanmoins convenir qu'il nous en manque encore beaucoup.

.... Le grand nombre des espèces, le nombre encore plus grand des variétés; les différences de forme, de grandeur, de couleur entre les mâles et les femelles, entre les jeunes, les adultes et les vieux; les diversités qui résultent de l'influence du climat et de la nourriture; celles que produisent la domesticité, la captivité, le transport, les migrations naturelles et forcées; toutes les causes, en un mot, de changement, d'altération, de dégénération, en se réunissant ici et se multipliant, multiplient les obstacles et les difficultés de l'ornithologie, à ne la considérer même que du côté de la nomenclature, c'est-à-dire de la simple connaissance des objets, et combien ces difficultés n'augmentent-elles pas encore dès qu'il s'agit d'en donner la description et l'histoire?

.... Bien que l'on ait beaucoup plus écrit sur les oiseaux que sur les animaux quadrupèdes, leur histoire n'en est pas plus avancée. La plus grande partie des ouvrages des ornitho-

logistes ne contiennent que des descriptions et souvent se réduisent à une simple nomenclature, et, dans le très petit
nombre de ceux qui ont joint quelques faits historiques à leur
description, on ne trouve guère que des choses communes,
aisées à observer sur les oiseaux de chasse et de basse-cour.

Nous ne connaissons que très imparfaitement les habitudes
naturelles des autres oiseaux de notre pays, et point du tout
celles des oiseaux étrangers. A force d'études et de comparai-
sons, nous avons au moins trouvé, dans les animaux quadrupèdes, des faits généraux et des points fixés sur lesquels nous
nous sommes fondés pour faire leur histoire particulière : la
division des animaux naturels et propres à chaque continent a
été souvent notre boussole dans cette mer d'obscurités qui
semblait environner cette belle et première partie de l'histoire
naturelle; ensuite les climats dans chaque continent, que les
animaux quadrupèdes affectent de préférence ou de nécessité
et les lieux où ils paraissent constamment attachés, nous ont
fourni des moyens d'être mieux informés et des renseigne-
ments pour être plus instruits.

Tout cela nous manque dans les oiseaux. Ils voyagent avec
tant de facilité de province en province, ils se transportent en
si peu de temps de climats en climats, qu'à l'exception de
quelques espèces d'oiseaux pesants ou sédentaires, il est à
croire que les autres peuvent passer d'un continent à l'autre;
de sorte qu'il est bien difficile, pour ne pas dire impossible,
de reconnaître les oiseaux propres et naturels à chaque continent, et que la plupart doivent se trouver également dans
tous deux, au lieu qu'il n'existe aucun quadrupède des parties
méridionales d'un continent dans l'autre. Le quadrupède est
obligé de subir la loi du climat sous lequel il est né; l'oiseau
s'y soustrait et en devient indépendant par la faculté de pouvoir parcourir en peu de temps des espaces très grands; il
n'obéit qu'à la saison, et cette saison qui lui convient, se re-
trouvant successivement la même dans les différents climats,

il les parcourt successivement; de sorte que, pour savoir
leur histoire entière, il faudrait les suivre partout et commencer par s'assurer des principales circonstances de leurs voyages,
connaître les routes qu'ils pratiquent, les lieux de repos où

Mésange des roseaux.

ils gîtent, leur séjour dans chaque climat, et les observer dans
tous ces endroits éloignés.

Ce n'est donc qu'avec le temps, et je puis dire dans la
suite des siècles, que l'on pourra donner l'histoire des oiseaux
aussi complète que celle des quadrupèdes.

.... Prenons d'abord un seul oiseau, par exemple l'hirondelle, celle que tout le monde connaît, qui paraît au printemps, disparaît en automne et fait son nid avec de la terre contre les fenêtres ou dans les cheminées. Nous pourrons, en les observant, rendre un compte fidèle et assez exact de leurs mœurs, de leurs habitudes naturelles pendant cinq ou six mois de leur séjour dans notre pays. Mais on ignore tout ce qui leur arrive pendant leur absence; on ne sait ni où elles vont, ni d'où elles viennent. Il y a des témoignages pour et contre au sujet de leurs migrations; les uns assurent qu'elles voyagent et se transportent dans les pays chauds; les autres prétendent qu'elles se jettent dans les marais et qu'elles y demeurent engourdies jusqu'au retour du printemps, et ces faits, quoique directement opposés, paraissent néanmoins également appuyés par des observations réitérées.

Comment tirer la vérité du sein de ces contradictions? Comment la trouver au milieu de ces incertitudes? J'ai fait ce que j'ai pu pour la démêler, et on jugera, par les soins qu'il faudrait se donner, par les recherches qu'il faudrait faire pour éclaircir ce seul fait, combien il serait difficile d'acquérir tous ceux dont on aurait besoin pour faire l'histoire complète d'un seul oiseau de passage et, à plus forte raison, l'histoire générale des voyages de tous.

Comme j'ai trouvé que, dans les quadrupèdes, il y a des espèces dont le sang se refroidit et prend à peu près le degré de température de l'air, et que c'est ce refroidissement de leur sang qui cause l'état de torpeur et d'engourdissement où ils tombent et demeurent pendant l'hiver, je n'ai pas eu de peine à me persuader qu'il devait aussi se trouver parmi les oiseaux quelques espèces sujettes à ce même état d'engourdissement causé par le froid; il me paraissait seulement que cela devait être plus rare parmi les oiseaux, parce qu'en général le degré de la chaleur de leur corps est un peu plus grand que celui du corps de l'homme et des animaux quadrupèdes. J'ai donc fait des recherches pour connaître quelles peuvent

Départ des hirondelles.

être ces espèces sujettes à l'engourdissement, et pour savoir si l'hirondelle était du nombre, j'en ai fait enfermer quelques-unes dans une glacière, où je les ai tenues plus ou moins de temps. Elles ne s'y sont point engourdies; la plupart y sont mortes, et aucune n'a repris de mouvement aux rayons du soleil; les autres, qui n'avaient souffert le froid de la glacière que peu de temps, ont conservé leur mouvement et en sont sorties bien vivantes.

J'ai cru devoir conclure de cette expérience que cette espèce d'hirondelle n'est point sujette à l'état de torpeur et d'engourdissement que supposerait très nécessairement le fait de leur séjour au fond de l'eau pendant l'hiver. D'ailleurs, m'étant informé auprès de quelques voyageurs dignes de foi, je les ai trouvés d'accord sur le passage des hirondelles au delà de la Méditerranée, et M. Adanson m'a positivement assuré que, pendant le séjour qu'il a fait au Sénégal, y avoir vu constamment arriver des hirondelles à longues queues, dans la saison même où elles quittent la France, et en repartir au printemps. On ne peut donc guère douter que cette espèce d'hirondelle passe, en effet, d'Europe en Afrique et d'Afrique en Europe; par conséquent, elle ne s'engourdit pas, ni ne se cache dans des trous, ni ne se jette dans l'eau à l'approche de l'hiver, d'autant qu'il y a un autre fait dont je me suis assuré, qui. vient à l'appui du précédent et prouve encore que l'hirondelle n'est pas sujette à l'engourdissement par le froid, et qu'elle en peut supporter la rigueur jusqu'à un certain degré au delà duquel elle périt. Car si l'on observe ces oiseaux quelque temps avant leur départ, on les voit d'abord, vers la fin de la belle saison, voler en famille, le père, la mère et les petits; ensuite plusieurs familles se réunir et former successivement des troupes d'autant plus nombreuses que le moment du départ est prochain; partir enfin presque toutes ensemble en trois ou quatre jours, à la fin de septembre ou au commencement d'octobre. Mais il en reste quelques-unes qui ne partent que huit jours, quinze jours, trois semaines après les autres, et quelques-unes encore qui ne partent point et meurent aux premiers grands froids.

Ces hirondelles qui retardent leur voyage sont celles dont les petits ne sont pas encore assez forts pour les suivre ; celles dont on a détruit plusieurs fois les nids après la ponte et qui ont perdu du temps à les reconstruire et à pondre une seconde ou une troisième fois ; elles demeurent par amour pour leurs petits, et aiment mieux souffrir l'intempérie de la saison que de les abandonner ; aussi elles ne partent qu'après les autres, ne pouvant emmener plus tôt leurs petits, ou même, elles restent au pays pour y mourir avec eux.

Il paraît bien démontré par ces faits que les hirondelles de cheminée passent successivement et alternativement de notre climat dans un climat plus chaud.... D'un autre côté, que peut-on opposer aux témoignages assez précis des gens qui ont vu des hirondelles s'attrouper et se jeter dans les eaux à l'approche de l'hiver, qui non seulement les ont vues s'y jeter, mais en ont vu tirer de l'eau et même de dessous la glace avec des filets ? Que répondre à ceux qui les ont vues dans cet état reprendre peu à peu le mouvement et la vie en les mettant dans un lieu chaud et en les approchant du feu avec précaution ? Je ne trouve qu'un moyen de concilier ces faits, c'est de dire que l'hirondelle qui s'engourdit n'est pas la même que celle qui voyage, que ce sont deux espèces différentes, que l'on n'a pas distinguées faute de les avoir soigneusement comparées....

Si les loirs et les rats étaient des animaux aussi fugitifs et aussi difficiles à observer que les hirondelles, et que, faute de les avoir regardés d'assez près, l'on prît des loirs pour des rats, il se trouverait la même contradiction entre ceux qui assureraient que les rats s'engourdissent et ceux qui soutiendraient qu'ils ne s'engourdissent pas. Cette erreur est assez naturelle ; elle doit être d'autant plus fréquente que les choses sont moins connues, plus éloignées, plus difficiles à observer.

Hirondelle de fenêtre. — Martinet. — Hirondelle de rivage. — Hirondelle de cheminée.

Je présume donc qu'il y a, en effet, une espèce d'oiseaux

voisine de celle de l'hirondelle, et peut-être aussi ressemblante
à l'hirondelle que le loir l'est au rat, qui s'engourdit en
effet, et c'est vraisemblablement le petit martinet ou peut-être
l'hirondelle de rivage. Il faudrait donc faire sur ces espèces,
pour reconnaître si leur sang se refroidit, les mêmes expériences que j'ai faites sur l'hirondelle de cheminée.

Ces recherches ne demandent, à la vérité, que des soins et
du temps ; mais malheureusement le temps est de toutes les
choses celle qui nous appartient le moins et qui nous manque
le plus. Quelqu'un qui s'appliquerait uniquement à observer
les oiseaux et qui se dévouerait même à ne faire   l'histoire
d'un seul genre, serait forcé d'employer plusie . .   ?s à
cette espèce de travail, dont le résultat ne serait encore qu'une

Rat.

très petite partie de l'histoire générale des oiseaux ; car,
pour ne pas perdre de vue l'exemple que nous venons de donner, supposons qu'il soit bien certain que l'hirondelle voya-
geuse passe d'Europe en Afrique, et pensons en même temps
que nous ayons bien observé tout ce qu'elle fait pendant
son séjour dans notre climat, que nous en ayons bien rédigé
les faits, il nous manquera encore tous ceux qui se passent
dans le climat éloigné ; nous ignorons si ces oiseaux y nichent
et y pondent comme en Europe ; nous ne savons pas s'ils y
arrivent en plus ou moins grand nombre qu'ils en sont partis ;
nous ne connaissons pas quels sont les insectes sur lesquels ils
vivent dans cette terre étrangère ; les autres circonstances de
leur voyage, de leur repos en route, de leur séjour, sont

également ignorées ; en sorte que l'histoire naturelle des oiseaux, donnée avec autant de détails que nous avons donné
l'histoire des animaux quadrupèdes, ne peut être l'ouvrage
d'un seul homme, ni même celui de plusieurs hommes
dans le même temps, parce que non seulement le nombre
des choses que l'on ignore sont presque impossibles ou du
moins très difficiles à savoir, et que, d'ailleurs, comme la plupart sont petites, inutiles ou de peu de conséquence, les
bons esprits cherchent à s'occuper d'objets plus grands et plus
utiles.

DISCOURS

SUR LA NATURE DES OISEAUX

I

L E mot nature, dans notre langue et dans la plupart des autres idiomes anciens et modernes, a deux acceptions très différentes. L'une suppose un sens actif et général ; lorsqu'on nomme la nature purement et simplement, on en fait une espèce d'être idéal, auquel on a accoutumé de rapporter comme cause tous les faits constants, tous les phénomènes de l'univers. L'autre acception ne présente qu'un sens passif et particulier ; en sorte que, lorsqu'on parle de la nature de l'homme, des animaux, de celle des oiseaux, ce mot signifie ou plutôt indique et comprend, dans sa signification, la quantité totale, la somme des qualités dont la nature, prise dans la première acception, a doué l'homme, les animaux, les oiseaux. Ainsi la nature active, en produisant les êtres, leur imprime un caractère qui fait leur nature propre et passive, de laquelle dérive ce qu'on appelle leur *naturel*, leur *instinct* et toutes leurs autres *habitudes* et *facultés naturelles*.

.... La nature des oiseaux demande des considérations particulières, et quoique, à certains égards, elle nous soit moins
connue que celle des quadrupèdes, nous tâcherons d'en saisir
les principaux attributs et de la présenter sous son véritable
aspect, c'est-à-dire avec les traits caractéristiques et généraux
qui la constituent.

Le sentiment, ou plutôt la faculté de sentir, l'instinct qui
n'est que le résultat de cette faculté, et le naturel qui n'est
que l'exercice habituel de l'instinct guidé et même produit
par le sentiment, ne sont pas, à beaucoup près, les mêmes
dans les différents êtres ; ces qualités intérieures dépendent
de l'organisation en général et, en particulier, de celle des
sens, et elles sont relatives, non seulement à leur plus ou
moins grand degré de perfection, mais encore à l'ordre de
supériorité que met entre les sens ce degré de perfection.

Dans l'homme, où tout doit être jugement et raison, le sens
du toucher est plus parfait que dans l'animal, où il y a moins
de jugement que de sentiment, et, au contraire, l'odorat est
plus parfait dans l'animal que dans l'homme, parce que le
toucher est le sens de la connaissance et que l'odorat ne peut
être que celui du sentiment. Mais, comme peu de gens dis-
tinguent nettement les nuances qui séparent les idées et les
sensations, la connaissance et le sentiment, la raison et l'instinct, nous mettrons à part ce que nous appelons chez nous
raisonnement, *discernement*, *jugement*, et nous nous bor-
nerons à comparer les différents produits du même sentiment
et à rechercher les causes de la diversité de l'instinct qui,
quoique varié à l'infini dans le nombre immense des espèces
d'animaux qui en sont pourvus, paraît néanmoins être plus
constant, plus informe, plus régulier, moins capricieux,
moins sujet à l'erreur que ne l'est la raison dans la seule espèce qui croit la posséder.

En comparant les sens qui sont les premières puissances
motrices de l'instinct dans tous les animaux, nous trouverons

d'abord que le sens de la vue est plus étendu, plus vif, plus

net et plus distinct, en général, dans les oiseaux que dans les quadrupèdes. Je dis, en général, parce qu'il paraît y avoir

des exceptions d'oiseaux, qui, comme les hiboux, voient
moins qu'aucun quadrupède; mais c'est un effet particulier
que nous examinerons à part; d'autant que, si ces oiseaux
voient mal pendant le jour, ils voient très bien pendant la
nuit, et que ce n'est que par un excès de sensibilité dans l'organe qu'ils cessent de voir à une grande lumière.

Cela même vient à l'appui de notre assertion; car la perfection d'un sens dépend principalement du degré de sa sensibilité, et ce qui prouve qu'en effet l'œil est plus parfait dans
l'oiseau, c'est que la nature l'a travaillé davantage. Il y a,
comme l'on sait, deux membranes de plus, l'une intérieure,
l'autre extérieure, dans les yeux de tous les oiseaux, lesquelles
ne se trouvent pas dans l'homme; la première, c'est-à-dire la
plus extérieure de ces membranes, est placée dans le grand
angle de l'œil; c'est une seconde paupière plus transparente
que la première, dont les mouvements obéissent également à
la volonté, dont l'usage est de nettoyer et de polir la cornée,
et qui leur sert aussi à tempérer l'excès de la lumière et à mé-
nager par conséquent la grande sensibilité de leurs yeux; la
seconde est située au fond de l'œil et paraît être un épanouis-
sement du nerf optique qui, recevant plus immédiatement les
impressions de la lumière, doit dès lors être plus aisément
ébranlé, plus sensible qu'il ne l'est dans les autres animaux,
et c'est cette grande sensibilité qui rend la vue des oiseaux
bien plus parfaite et beaucoup plus étendue.

Un épervier voit d'en haut et de vingt fois plus loin une
alouette sur une motte de terre qu'un homme ou un chien ne
peuvent l'apercevoir. Un milan, qui s'élève à une hauteur si
grande que nous le perdons de vue, voit de là les petits
lézards, les mulots, les oiseaux, et choisit ceux sur lesquels
il veut fondre; et cette plus grande étendue, dans le sens de
la vue, est accompagnée d'une netteté, d'une précision tout
aussi grande, parce que l'organe étant en même temps très
souple et très sensible, l'œil se renfle ou s'aplatit, se couvre

ou se découvre, se rétrécit ou s'élargit, et prend aisément, promptement ou alternativement toutes les formes nécessaires pour agir et voir parfaitement à toutes les distances et à toutes les lumières.

D'ailleurs le sens de la vue étant le seul qui produise les idées du mouvement, le seul par lequel on puisse comparer immédiatement les espaces parcourus, et les oiseaux étant, de tous les animaux, les plus habiles, les plus propres au mouvement, il n'est pas étonnant qu'ils aient en même temps le sens qui en est le guide le plus parfait et le plus sûr. Ils peuvent parcourir, dans un très petit temps, un grand espace; il faut donc qu'ils en voient l'étendue et même les limites. Si la nature, en leur donnant la rapidité du vol, les eût rendus myopes, ces deux qualités eussent été contraires; l'oiseau n'aurait jamais osé se servir de sa légèreté ni prendre un essor rapide; il n'aurait fait que voltiger lentement dans la crainte des chocs et des résistances imprévues. La seule vitesse avec laquelle on voit voler un oiseau peut indiquer la portée de sa vue; je ne dis pas la portée absolue, mais relative. Un oiseau dont le vol est très vif, direct et soutenu, voit certainement plus loin qu'un autre de même forme, qui néanmoins se meut plus lentement, plus obliquement; et si jamais la nature a produit des oiseaux à vue courte et à vol très rapide, ces espèces auront péri par cette contrariété de qualités, dont l'une non seulement empêche l'exercice de l'autre, mais expose l'individu à des risques sans nombre; d'où l'on doit présumer que les oiseaux dont le vol est le plus court et le plus lent sont ceux aussi dont la vue est la moins étendue, comme l'on voit, dans les quadrupèdes, ceux qu'on nomme paresseux (l'*iman* et l'*aï*) qui ne se meuvent que lentement, avoir les yeux couverts et la vue basse.

L'idée du mouvement et toutes les autres idées qui l'accompagnent ou qui en dérivent, telles que celles des vitesses relatives, de la grandeur des espaces, de la proportion des

hauteurs, des profondeurs et des inégalités des surfaces, sont
donc plus nettes et tiennent plus de place dans la tête de
l'oiseau que dans celle des quadrupèdes; et il semble que la
nature ait voulu nous indiquer cette vérité par la proportion
qu'elle a mise entre la grandeur de l'œil et celle de la tête ;
car, dans les oiseaux, les yeux sont proportionnellement beaucoup plus grands que dans l'homme et dans les animaux quadrupèdes; ils sont plus grands, plus organisés, puisqu'il
y a deux membranes de plus; ils sont donc plus sensibles ;
et, dès lors, ce sens de la vue, plus étendu, plus distinct et plus
vif dans les oiseaux que dans les quadrupèdes, doit influer
dans la même proportion sur l'organe intérieur du sentiment,
en sorte que l'instinct des oiseaux sera, par cette première
cause, modifié différemment que celui des quadrupèdes.

Une seconde cause, qui vient à l'appui de la première et
qui doit rendre l'instinct de l'oiseau différent de celui des quadrupèdes, c'est l'élément qu'il habite et qu'il peut parcourir
sans toucher à la terre.

L'oiseau connaît peut-être mieux que l'homme tous les degrés de la résistance de l'air, de sa température à différentes
hauteurs, de sa pesanteur relative, etc. Il prévoit mieux que
nous, il indiquerait mieux que nos baromètres et nos thermo-
mètres les variations, les changements qui arrivent à cet élément mobile; mille et mille fois il a éprouvé ses forces contre
celles du vent, et plus souvent encore il s'en est aidé pour
voler plus vite et plus loin. L'aigle, en s'élevant au-dessus
des nuages (1), peut passer tout à coup de l'orage dans le

(1) On peut démontrer que l'aigle et les autres oiseaux de haut vol
s'élèvent à une hauteur supérieure à celle des nuages, en partant
même d'une plaine, et sans supposer qu'ils gagnent les montagnes qui
pourraient leur servir d'échelons; car on les voit s'élever de si haut qu'ils
disparaissent complètement à la vue. Or, on sait qu'un objet éclairé par
la lumière du jour ne disparaît à nos yeux qu'à la distance de trois mille
quatre cent trente-six fois son diamètre, et que par conséquent, si l'on
suppose l'oiseau placé perpendiculairement au-dessus de l'homme qui
le regarde, et que le diamètre du vol ou l'envergure de cet oiseau soit

calme, jouir d'un ciel serein et d'une lumière pure, tandis
que les autres animaux sont battus de la tempête; il peut en

Grand aigle.

vingt-quatre heures changer le climat et, planant au-dessus

de cinq pieds, il ne peut disparaître qu'à la distance de dix-sept mille
cent quatre-vingts pieds ou cinq mille sept cent vingt-six mètres : ce
qui fait une hauteur bien plus grande que celle des nuages, surtout de
ceux qui produisent les orages.

des différentes contrées, s'en former un tableau dont l'homme
ne peut avoir l'idée.

Nos plans à vol d'oiseau, qui sont si longs, si difficiles à
faire avec exactitude, ne nous donnent encore que des notions
imparfaites de l'inégalité relative des surfaces qu'ils représentent; l'oiseau, qui a la puissance de se placer dans les
vrais points de vue et de les parcourir promptement et successivement en tous sens, en voit plus, d'un coup d'œil, que nous
ne pouvons en estimer ou juger par nos raisonnements,
même appuyés de toutes les combinaisons de notre art; et le
quadrupède, borné, pour ainsi dire, à la motte de terre sur
laquelle il est né, ne connaît que sa vallée, sa montagne ou
sa plaine; il n'a nulle idée de l'ensemble des surfaces, nulle
notion des grandes distances, nul désir de les parcourir; et
c'est par cette raison que les grands voyages et les migrations
sont aussi rares parmi les quadrupèdes qu'ils sont fréquents
dans les oiseaux; c'est ce désir fondé sur la connaissance des
lieux éloignés, sur la puissance qu'ils se sentent de s'y rendre
en peu de temps, sur la notion anticipée des changements de
l'atmosphère et de l'arrivée des saisons, qui les détermine à
partir ensemble et d'un commun accord. Dès que les vivres
commencent à leur manquer, dès que le froid ou le chaud les
incommodent, ils méditent leur retraite; d'abord ils semblent
se rassembler de concert pour entraîner leurs petits et leur
communiquer ce même désir de changer de climat, que ceux-
ci ne peuvent encore avoir acquis par aucune notion, aucune
connaissance, aucune expérience précédente. Les pères et
mères rassemblent leur famille pour la guider pendant la traversée, et toutes les familles se réunissent, non seulement
parce que tous les chefs sont animés du même désir, mais
parce que, en augmentant les troupes, ils se trouvent en
force pour résister à leurs ennemis.

Et ce désir de changer de climat, qui se renouvelle deux
fois par an, c'est-à-dire en automne et au printemps, est une

Cigognes d'Afrique.

espèce de besoin si pressant qu'il se manifeste dans les oiseaux
captifs par les inquiétudes les plus vives. Nous donnerons, à
l'endroit de la caille, un détail d'observations à ce sujet, par
lequel on verra que ce désir est une des affections les plus
fortes de l'instinct de l'oiseau ; qu'il n'y a rien qu'il ne tente
dans ces deux temps de l'année pour se mettre en liberté,
et que souvent il se donne la mort par les efforts qu'il fait
pour sortir de sa captivité, au lieu que, dans tous les autres

Cailles.

temps, il paraît la supporter tranquillement et même chérir
sa prison, s'il s'y trouve renfermé avec sa compagne. Lorsque
la saison des migrations approche, on voit les oiseaux libres,
non seulement se rassembler en famille, se réunir en troupes,
mais encore s'exercer à faire de longs vols, de grandes tournées avant que d'entreprendre leur plus grand voyage.

Au reste, les circonstances de ces migrations varient dans
les différentes espèces. Tous les oiseaux voyageurs ne se réu-

nissent pas en troupes ; il y en a qui partent seuls, d'autres
avec leur femelle et leur famille, d'autres qui marchent par
petits détachements, etc. Mais avant d'arriver dans le détail
que ce sujet exige, continuons nos recherches sur les causes
qui constituent l'instinct et modifient la nature des oiseaux.

L'homme, supérieur à tous les êtres organisés, a le sens
du toucher, et peut-être celui du goût, plus parfaits qu'aucun
des animaux ; mais il est inférieur à la plupart d'entre eux
par les trois autres sens ; et, en ne comparant que les animaux entre eux, il paraît que la plupart des quadrupèdes
ont l'odorat plus vif, plus étendu que ne l'ont les oiseaux ;
car, quoi qu'on dise de l'odorat du corbeau, du vautour, etc.,
il est inférieur à celui du chien, du renard, etc. On peut
d'abord en juger par la conformation même de l'organe : il y
a un grand nombre d'oiseaux qui n'ont point de narines, c'est-
à-dire point de conduits ouverts au-dessus du bec, en sorte
qu'ils ne peuvent recevoir les odeurs que par la fente intérieure qui est dans la bouche ; et dans ceux qui ont des conduits ouverts au-dessus du bec et qui ont plus d'odorat que
les autres, les nerfs olfactifs sont néanmoins bien plus petits,
proportionnellement moins nombreux, moins étendus que
dans les quadrupèdes : aussi l'odorat ne produit dans l'oiseau
que quelques effets assez rares, assez peu remarquables, au
lieu que, dans le chien et dans plusieurs autres quadrupèdes,
ce sens paraît être la source et la cause principale de leur
détermination et de leurs mouvements.

Ainsi, le toucher dans l'homme, l'odorat dans les quadrupèdes et l'œil dans l'oiseau sont les premiers sens, c'est-à-dire
ceux qui sont les plus parfaits, ceux qui donnent à ces différents êtres les sensations dominantes.

Après la vue, l'ouïe me paraît être le second sens de l'oiseau, c'est-à-dire le second pour la perfection. L'ouïe est non
seulement plus parfaite que l'odorat, le goût, le toucher dans
l'oiseau, mais plus parfaite que l'ouïe des quadrupèdes ; on le

voit par la facilité avec laquelle la plupart des oiseaux re-
tiennent et répètent des sons et des suites de sons et même la
parole ; on le voit par le plaisir qu'ils éprouvent à chanter, à
gazouiller sans cesse, surtout lorsqu'ils sont le plus heureux.
Ils ont les organes de l'oreille et de la voix plus souples et
plus puissants, ils s'en servent aussi beaucoup plus que les
quadrupèdes. La plupart de ceux-ci sont fort silencieux, et
leur voix, qu'ils ne font entendre que rarement, est presque
toujours désagréable et rude : dans celle des oiseaux, on
trouve de l'agrément, de la mélodie, de la douceur. Il y a

Paon.

quelques espèces dont, à la vérité, la voix paraît insuppor-
table, surtout en la comparant à celle des autres; mais ces
espèces sont en assez petit nombre, et ce sont les plus gros
oiseaux que la nature semble avoir ainsi traités comme les quadrupèdes, en ne leur donnant pour voix qu'un seul ou plusieurs cris qui paraissent d'autant plus rauques, plus per-
çants et plus forts qu'ils ont moins de proportion avec la grosseur de l'animal ; un paon, qui n'a pas la centième partie du
volume d'un bœuf, se fait entendre de plus loin ; un rossignol
peut remplir de ses sons autant d'espace qu'une forte voix

humaine. Cette prodigieuse étendue, cette force de leur voix,
dépend en entier de leur conformation, tandis que la continuité de leur chant ou de leur silence ne dépend que de leurs
affections intérieures ; ce sont deux choses qu'il faut considérer à part.

L'oiseau a d'abord les muscles pectoraux beaucoup plus
charnus et plus forts que l'homme ou que tout autre animal,
et c'est par cette raison qu'il fait agir ses ailes avec beaucoup
plus de vitesse et de force que l'homme ne peut remuer ses
bras ; et en même temps que les puissances qui font mouvoir
les ailes sont plus grandes, le volume des ailes est aussi beaucoup plus étendu, et la masse plus légère, relativement à la
grandeur et au poids du corps de l'oiseau : de petits os vides
et minés, peu de chair, des tendons fermes et des plumes
avec une étendue souvent double, triple ou quadruple de
celle du corps, forment l'aile de l'oiseau, qui n'a besoin que
de la réaction de l'air pour soulever le corps, et de légers
mouvements pour le soutenir élevé.

La plus ou moins grande facilité du vol, ses différents degrés de rapidité, sa direction même de bas en haut et de
haut en bas, dépendent de la combinaison de tous les résultats de cette conformation. Les oiseaux, dont l'aile et la queue
sont plus longues et le corps plus petit, sont ceux qui volent le
plus haut et le plus longtemps ; ceux, au contraire, qui,
comme l'outarde, le casoar ou l'autruche, ont les ailes et la
queue courtes avec un grand volume de corps, ne s'élèvent
qu'avec peine ou même ne peuvent pas quitter la terre.

La force des muscles, la conformation des ailes, l'arrangement des plumes et la légèreté des os, sont les causes physiques de l'effet du vol, qui paraît fatiguer si peu la poitrine
de l'oiseau, que c'est souvent dans ce temps même du vol
qu'il fait le plus retentir sa voix par des cris continus ; c'est
que, dans l'oiseau, le thorax, avec toutes les parties qui en
dépendent ou qu'il contient, est plus fort ou plus étendu

à l'intérieur et à l'extérieur qu'il ne l'est dans les autres animaux. De même que les muscles pectoraux placés à l'extérieur sont plus gros, la trachée-artère est plus grande et plus forte ; elle se termine ordinairement au-dessous en une large cavité qui multiplie le volume du son. Les poumons, plus grands, plus étendus que ceux des quadrupèdes, ont plusieurs appendices qui forment des poches, des espèces de réservoirs d'air qui rendent encore le corps de l'oiseau plus léger, en même temps qu'ils fournissent aisément et abondamment la substance aérienne qui sert d'aliment à la voix.

On voit dans l'histoire de l'ouarine qu'une assez légère différence, une extension de plus dans les parties solides de l'organe, donne à ce quadrupède, qui n'est que d'une grandeur médiocre, une voix si facile et si forte qu'il la fait retentir presque continuellement, à plus d'une lieue de distance, quoique les poumons soient conformés comme ceux des autres animaux quadrupèdes. A plus grande raison, ce même effet se trouve dans l'oiseau, où il y a un grand appareil dans les organes qui doivent produire les sons, et où toutes les parties de la poitrine paraissent formées pour concourir à la force et à la durée de la voix.

Il me semble qu'on peut démontrer par des faits combinés que la voix des oiseaux est non seulement plus forte que celle des quadrupèdes, relativement au volume de leurs corps, mais même absolument et sans y faire entrer ce rapport de grandeur. Communément les cris de nos quadrupèdes domestiques ou sauvages ne se font pas entendre au delà d'un quart ou d'un tiers de lieue, et ce cri se produit dans la partie de l'atmosphère la plus dense, c'est-à-dire la plus propre à propager le son ; au lieu que la voix des oiseaux, qui nous parvient du haut des airs, se produit dans un milieu plus rare, et où il faut une plus grande force pour produire le même effet.

On sait, par des expériences faites avec la machine pneumatique, que le son diminue à mesure que l'air devient plus rare, et j'ai reconnu, par une observation que je crois nouvelle, combien la différence de cette raréfaction influe en plein air. J'ai souvent passé des jours entiers dans les forêts où l'on est obligé de s'appeler de loin et d'écouter avec attention pour entendre le son du cor et la voix des chiens ou des hommes ; j'ai remarqué que, dans le temps de la plus grande chaleur du jour, c'est-à-dire depuis dix heures jusqu'à quatre, on ne peut entendre que d'assez près les mêmes voix, les mêmes sons que l'on entend de loin le matin, le soir et surtout la nuit, dont le silence ne fait rien ici, parce que, à l'exception des cris de quelques reptiles ou de quelques oiseaux, il n'y avait pas le moindre bruit dans ces forêts ; j'ai de plus observé qu'à toutes les heures du jour et de la nuit, on entendait plus loin en hiver, par la gelée, que par le plus beau temps de toute autre saison.

Tout le monde peut s'assurer de la vérité de cette observation, qui ne demande, pour être bien faite, que la simple attention de choisir les jours sereins et calmes, pour que le vent ne puisse déranger le rapport que nous venons d'indiquer dans la propagation du son. Il m'a souvent paru que je ne pouvais entendre, à midi, que de six cents pas de distance le même son que j'entendais de douze ou quinze cents à six heures du matin ou du soir, sans pouvoir attribuer cette grande différence à d'autre cause qu'à la raréfaction de l'air, plus grande à midi et moindre le soir ou le matin ; et puisque ce degré de raréfaction fait une différence de plus de moitié sur la distance à laquelle peut s'étendre le son à la surface de la terre, c'est-à-dire à la partie la plus basse et la plus dense de l'atmosphère, qu'on juge de combien doit être la perte du son dans les parties supérieures, où l'air devient plus rare à mesure qu'on s'élève et dans une proportion bien plus grande que celle de la raréfaction causée par la chaleur du jour. Les oiseaux, dont nous entendons la voix d'en haut et souvent sans les aperce-

voir, sont alors élevés à une hauteur égale à trois mille quatre
cent trente-six fois leur diamètre, puisque ce n'est qu'à cette
distance que l'œil humain cesse de voir les objets. Supposons
donc que l'oiseau avec ses ailes étendues fasse un objet de quatre
pieds de diamètre, il ne disparaîtra qu'à la hauteur de treize
mille sept cent quarante-quatre pieds ou plus de deux mille
toises (quatre mille mètres) ; et si nous supposons une troupe
de trois ou quatre cents gros oiseaux, tels que des cigognes, des
oies, des canards dont quelquefois nous entendons les voix
avant de les apercevoir, l'on ne pourra nier que la hauteur à
laquelle ils s'élèvent soit encore plus grande, puisque la troupe,
pour peu qu'elle soit serrée, forme un objet dont le diamètre
est bien plus grand. Ainsi l'oiseau, en se faisant entendre
d'une lieue du haut des airs et produisant des sons dans un
milieu qui en diminue l'intensité et en raccourcit de plus de
moitié la propagation, a, par conséquent, la voix quatre fois
plus forte que l'homme ou le quadrupède qui ne peut se faire
entendre qu'à une demi-lieue sur la surface de la terre ; et
cette estimation est peut-être plus faible que trop forte ;
car, indépendamment de ce que vous venons d'exposer, il y
a encore une considération qui vient à l'appui de nos conclu-
sions, c'est que le son rendu dans le milieu des airs doit, en
se propageant, remplir une sphère dont l'oiseau est le centre,
tandis que le son produit à la surface de la terre ne remplit
qu'une demi-sphère, et que la partie du son qui se réfléchit
contre la terre aide et sert à la propagation de celui qui s'é-
tend en haut et à côté ; c'est par cette raison qu'on dit que la
voix monte, et que de deux personnes qui se parlent du hau
d'une tour en bas, celle qui est en dessus est forcée de crier
beaucoup plus haut que l'autre, si elle veut se faire également
entendre.

A l'égard de la douceur de la voix et l'agrément du chant
des oiseaux, nous observerons que c'est une qualité en partie
naturelle et en partie acquise ; la grande facilité qu'ils ont à

retenir et à répéter les sons fait que non seulement ils en empruntent les uns aux autres, mais que souvent ils copient les inflexions, les tons de la voix humaine et de nos instruments.

N'est-il pas singulier que, dans tous les pays peuplés et policés, la plupart des oiseaux aient la voix charmante et le chant mélodieux, tandis que, dans l'immense étendue des déserts de l'Afrique et de l'Amérique, où l'on n'a trouvé que des hommes sauvages, il n'existe aussi que des oiseaux criards, et qu'à peine on y puisse citer quelques espèces dont la voix soit douce et le chant agréable. Doit-on attribuer cette différence à la seule influence du climat? L'excès du chaud et du froid produit, à la vérité, des qualités excessives dans la nature des animaux, et se marque souvent à l'extérieur par des caractères durs et par des couleurs fortes.

Les quadrupèdes, dont la robe est variée et empreinte de couleurs opposées, semée de taches rondes, ou rayée de bandes longues, tels que les panthères, les léopards, les zèbres, les civettes, sont tous des animaux des climats les plus chauds; presque tous les oiseaux de ces mêmes climats brillent à nos yeux des plus vives couleurs, au lieu que, dans les pays tempérés, les teintes sont plus faibles, plus nuancées, plus douces; sur trois cents espèces d'oiseaux que nous pouvons compter dans notre climat, le paon, le coq, le loriot, le martin-pêcheur, le chardonneret sont peut-être les seuls que l'on puisse citer pour la variété des couleurs, tandis que la nature semble avoir épuisé ses pinceaux sur la plupart des oiseaux de l'Amérique, de l'Afrique et de l'Inde.

Ces quadrupèdes dont la robe est si belle, ces oiseaux dont le plumage éclate des plus belles couleurs, ont en même temps la voix dure et sans inflexions, les sons rauques et discordants, le cri désagréable et même effrayant. On ne peut douter que l'influence du climat ne soit la cause principale de ces effets; mais ne doit-on pas y joindre, comme cause secondaire, l'influence de l'homme?

Dans tous les animaux retenus en domesticité ou détenus en captivité, les couleurs naturelles et primitives ne s'exaltent

Loriots.

jamais et paraissent ne varier que pour se dégrader, se nuancer et se radoucir ; on en a vu nombre d'exemples dans les qua-drupèdes. Il en est de même dans les oiseaux domestiques ;

les coqs et les pigeons ont encore plus varié pour les couleurs
que les chiens ou les chevaux.

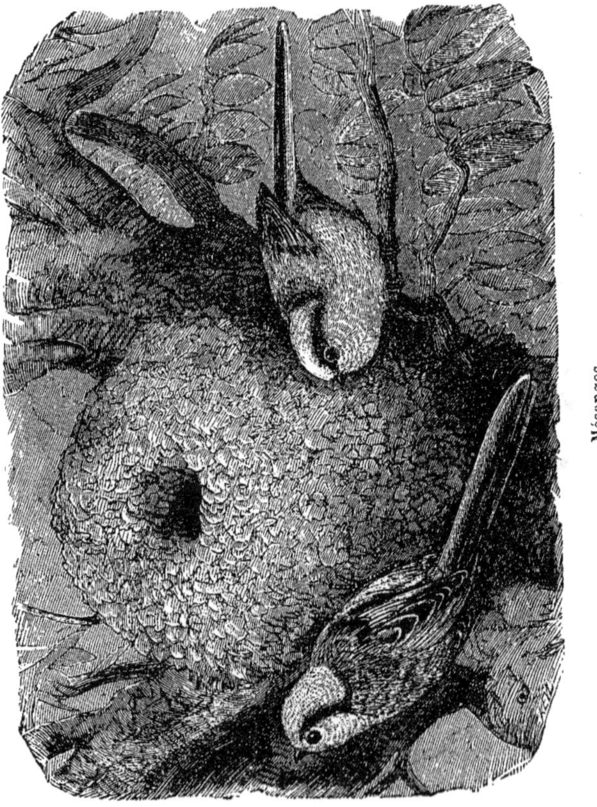

Mésanges.

L'influence de l'homme sur la nature s'étend bien au delà
de ce qu'on imagine : il influe directement et presque immédiatement sur le naturel, sur la couleur et sur la grandeur des

animaux qu'il propage et qu'il s'est soumis; il influe mé-
diatement et de plus loin sur tous les autres qui, quoique
libres, habitent le même climat. L'homme a changé pour sa
plus grande utilité, dans chaque pays, la surface de la terre;
les animaux qui y sont attachés et qui sont forcés d'y chercher
leur subsistance, qui vivent, en un mot, sous ce même climat
et sur cette même terre dont l'homme a changé la nature, ont
dû changer aussi et se modifier; ils ont pris par nécessité
plusieurs habitudes qui paraissent faire partie de leur nature;
ils en ont pris d'autres par crainte qui ont altéré, dégradé
leurs mœurs; ils en ont pris par imitation; enfin ils en ont
reçu par l'éducation, à mesure qu'ils en étaient plus ou moins
susceptibles.

Le chien s'est prodigieusement perfectionné par le commerce de l'homme; sa férocité naturelle s'est tempérée, et a
cédé à la douceur de la reconnaissance et de l'attachement,
dès qu'en lui donnant sa subsistance, l'homme a satisfait à ses
devoirs. Dans cet animal, les appétits les plus véhéments dérivent de l'odorat et du goût, deux sens qu'on pourrait réunir
en un seul, qui produit les sensations dominantes du chien et
des autres animaux carnassiers, desquels il ne diffère que par
un point de sensibilité que nous avons augmenté : une nature
moins forte, moins fière, moins féroce que celle du tigre, du
léopard ou du lion ; un naturel dès lors plus flexible quoique
avec des appétits tout aussi véhéments, s'est néanmoins
modifié, ramolli par les impressions douces du commerce des
hommes, dont l'influence n'est pas aussi grande sur les autres
animaux, parce que les uns ont une nature impénétrable aux
affections douces, que les autres sont durs, insensibles, ou
trop défiants, ou trop timides; que tous, jaloux de leur liberté,
fuient l'homme et ne le voient que comme leur tyran ou leur
destructeur.

L'homme a moins d'influence sur les oiseaux que sur les
quadrupèdes, parce que leur nature est plus éloignée, et qu'ils

sont moins susceptibles des sentiments d'attachement et d'obéissance. Les oiseaux que nous appelons domestiques ne sont que prisonniers, ils ne nous rendent aucun service pendant leur vie ; ils ne nous sont utiles que par leur propagation, c'est-à-dire par leur mort ; ce sont des victimes que nous immolons sans regret et avec fruit. Comme leur instinct diffère de celui du quadrupède et n'a nul rapport avec le nôtre, nous ne pouvons leur rien inspirer directement, ni même leur communiquer indirectement aucun sentiment relatif ; nous ne pouvons influer que sur la machine, et eux aussi ne peuvent nous rendre que machinalement ce qu'ils ont reçu de nous. Un

Rouge-gorge.   Fauvette.

oiseau, dont l'oreille est assez délicate, assez précise pour saisir et retenir une suite de notes et même de paroles, et dont la voix est assez flexible pour les répéter distinctement, reçoit ces paroles sans les entendre et les rend comme il les a reçues ; quoiqu'il articule des mots, il ne parle pas, parce que cette articulation de mots n'émane pas du principe de la parole, et n'en est qu'une imitation qui n'exprime rien de ce qui se passe à l'intérieur de l'animal, et ne représente aucune de ses affections.

L'homme a donc modifié, dans les oiseaux, quelques puissances physiques, quelques qualités extérieures, telles que celles de l'oreille et de la voix ; mais il a moins influé sur les

qualités intérieures. On en instruit quelques-uns à chasser et
même à rapporter leur gibier ; on en apprivoise quelques
autres assez pour les rendre familiers ; à force d'habitude, on
les mène au point de les attacher à leur prison, de reconnaître aussi la personne qui les soigne ; mais tous ces sentiments sont bien légers, bien peu profonds en comparaison de
ceux que nous transmettons aux animaux quadrupèdes, et
que nous leur communiquons avec plus de succès, en moins
de temps, et en plus grande quantité.

Quelle comparaison y a-t-il entre l'attachement d'un chien
et la familiarité d'un serin ; entre l'intelligence de l'éléphant
et celle de l'autruche, qui néanmoins paraît être le plus
grave, le plus réfléchi des oiseaux, soit parce que l'autruche
est, en effet, l'éléphant des oiseaux par la taille, et que le privilège de l'air sensé est, dans les oiseaux, attaché à la grandeur ; soit qu'étant moins oiseau qu'aucun autre, et ne pouvant quitter la terre, elle tienne en effet de la nature des
quadrupèdes.

Maintenant, si l'on considère la voix des oiseaux, indépendamment de l'influence de l'homme ; que l'on sépare, dans le
perroquet, le serin, le merle, le sansonnet, les sons qu'ils ont
acquis de ceux qui leur sont naturels ; que surtout l'on observe
les oiseaux libres et solitaires, on reconnaîtra que non-seule-
ment leur voix se modifie selon leurs affections, mais même
qu'elle s'étend, se fortifie, s'altère, se change, s'éteint ou se
renouvelle selon les circonstances et le temps. Comme la voix
est, de toutes leurs facultés, l'une des plus faciles et dont l'exercice leur coûte le moins, ils s'en servent au point de paraître
en abuser, et ce ne sont pas les femelles qui, ainsi qu'on pourrait le croire, abusent le plus de cet organe ; elles sont, dans
les oiseaux, bien plus silencieuses que les mâles : elles jettent
comme eux des cris de douleur ou de crainte, elles ont des
expressions ou des murmures d'inquiétude ou de sollicitude,
surtout pour leurs petits ; mais le chant paraît être interdit à

la plupart d'entre elles, tandis que, dans le mâle, c'est l'une des qualités qui fait le plus de sensation.

Le chant est le produit naturel d'une douce émotion ; c'est l'expression agréable d'un désir tendre qui n'est qu'à moitié satisfait. Le serin dans sa volière, le verdier dans les plaines, le loriot, la mésange dans les bois chantent également d'une voix éclatante à laquelle la femelle ne répond que par quelques légers sons de contentement. Dans quelques espèces, la femelle applaudit au chant du mâle par un semblable chant, mais toujours moins fort et moins plein.

Le rossignol, en arrivant avec les premiers jours du prin-

Rossignol.

temps, ne chante point encore ; il garde le silence jusqu'à ce qu'il soit apparié : son chant est d'abord assez court, incertain, peu fréquent, comme s'il n'était pas encore sûr de sa conquête, et sa voix ne devient pleine, éclatante et soutenue jour et nuit, que quand il voit déjà sa femelle s'occuper d'avance des soins maternels. Il s'empresse à les partager, il l'aide à construire le nid. Jamais il ne chante avec plus de force et de continuité que quand il la voit occupée de la ponte et ennuyée d'une longue et continuelle incubation ; non seulement il pourvoit à sa subsistance pendant tout ce temps, mais il cherche à le rendre plus court en multipliant ses caresses, en redoublant

ses accents. Et ce qui prouve que le chant dépend en effet de
sa joie et de sa sollicitude, c'est qu'il cesse avec elles. Dès que
la femelle couve, elle ne chante plus, et vers la fin de juin, le
mâle se tait aussi, ou ne se fait entendre que par quelques

Martin-pêcheur.

sons rauques semblables au coassement d'un reptile, et si
différents des premiers, qu'on a de la peine à se persuader
que ces sons viennent d'un rossignol, ni même d'un autre
oiseau....

.... Nous venons de reconnaître quelques-unes des principales qualités dont la nature a doué les oiseaux ; nous avons tâché de reconnaître les influences de l'homme sur leurs facultés ; nous avons vu qu'ils l'emportent sur lui et sur tous les animaux quadrupèdes par l'étendue et la vivacité du sens de la vue ; par la précision, la sensibilité de celui de l'oreille ; par la facilité et la force de la voix, et nous verrons bientôt qu'ils l'emportent encore de beaucoup par l'aptitude au mouvement qui paraît leur être plus naturel que le repos. Il y en a, comme les oiseaux de paradis, les mouettes, les martins-pêcheurs, etc., qui semblent être toujours en mouvement et ne se reposer que par instants ; plusieurs se joignent, se choquent, semblent s'unir dans l'air ; tous saisissent leur proie en volant, sans se détourner, sans s'arrêter ; au lieu que le quadrupède est obligé de prendre des points d'appui, des moments de repos, pour se joindre, et que l'instant où il atteint sa proie est la fin de sa course.

L'oiseau peut faire, dans l'état de mouvement, plusieurs choses qui, dans le quadrupède, exigent l'état de repos ; il peut aussi faire beaucoup plus en moins de temps, parce qu'il se meut avec plus de vitesse, plus de continuité, plus de durée. Toutes ces causes réunies influent sur les habitudes naturelles de l'oiseau et rendent encore son instinct différent de celui des quadrupèdes.

Pour donner quelque idée de la durée et de la continuité du mouvement des oiseaux, et aussi de la proportion du temps et des espaces qu'ils ont coutume de parcourir dans leurs voyages, nous comparerons leur vitesse avec celle des quadrupèdes dans leurs plus grandes courses naturelles ou forcées.

Le cerf, le renne et l'élan peuvent faire quarante lieues en un jour ; le renne, attelé à un traîneau, en fait trente et peut soutenir ce même mouvement plusieurs jours de suite ; le chameau peut faire trois cents lieues en huit jours ; le cheval,

Oiseau de paradis.

élevé pour la course et choisi parmi les plus légers et les plus vigoureux, pourra faire une lieue en six ou sept minutes ; mais bientôt sa vitesse se ralentit, et il serait incapable de fournir une carrière un peu longue qu'il aurait entamée avec cette rapidité.

On cite l'exemple de la course d'un Anglais qui fit, en onze heures trente-deux minutes, soixante-douze lieues, en changeant vingt-une fois de cheval. Ainsi les meilleurs chevaux ne peuvent pas faire quatre lieues dans une heure, ni plus de trente lieues dans un jour.

Or, la vitesse des oiseaux est bien plus grande ; car, en moins de trois minutes, on perd de vue un gros oiseau, un milan qui s'éloigne, un aigle qui s'élève et qui présente une étendue dont le diamètre est de plus de quatre pieds ; d'où l'on doit inférer que l'oiseau parcourt plus de sept cent cinquante toises par minute, et qu'il peut se transporter à vingt lieues dans une heure ; il pourra donc aisément parcourir deux cents lieues tous les jours, en dix heures de vol, ce qui suppose plusieurs intervalles dans le jour et la nuit entière de repos. Nos hirondelles et nos oiseaux voyageurs peuvent donc se rendre de notre climat sur la Ligne en moins de sept à huit jours.

M. Adanson a vu et tenu sur la côte du Sénégal des hirondelles arrivées le 9 octobre, c'est-à-dire huit jours après leur départ.

Piétro della Valle dit qu'en Perse, le pigeon messager fait en un jour plus de chemin qu'un homme de pied ne peut en faire en six.

On connaît l'histoire du faucon de Henri II, qui, s'étant emporté après une canepierre à Fontainebleau, fut pris le lendemain à Malte et reconnu à l'anneau qu'il portait ; celle du faucon des Canaries envoyé au duc de Lerme, qui revint d'Andalousie à l'île de Ténériffe en seize heures, ce qui fait un trajet de deux cent cinquante lieues.

Hans Sloane assure qu'à la Barbade, les mouettes vont se

promener en troupes à deux cents milles de distance, et qu'elles
reviennent le même jour. Une promenade de plus de cent
trente lieues indique assez la possibilité d'un voyage de deux
cents ; les aigles de mer ou eiders, ne sont pas moins rapides,
et je crois qu'on peut conclure de la combinaison de tous ces faits
qu'un oiseau de haut vol peut parcourir chaque jour quatre
ou cinq fois plus de chemin que le quadrupède le plus agile.

Tout contribue à cette facilité de mouvement dans l'oiseau :
d'abord les plumes, dont la substance est très légère, la surface très grande, et dont les tuyaux sont creux ; ensuite
l'arrangement de ces mêmes plumes, la forme des ailes con-
vexes en dessus et concaves en dessous, leur fermeté, leur
grande étendue et la force des muscles qui les font mouvoir ;
enfin la légèreté même du corps, dont les parties les plus mas-
sives, telles que les os, sont beaucoup plus légères que celles
des quadrupèdes : car les cavités dans les os des oiseaux sont
proportionnellement beaucoup plus grandes que dans les quadrupèdes, et les os plats qui n'ont point de cavité sont plus
minces et ont moins de poids. « Le squelette de l'onocrotale,
disent les anatomistes de l'Académie, est extrêmement léger ;
il ne pèse que vingt-trois onces, quoiqu'il soit très grand. »
Cette légèreté des os diminue considérablement le poids du
corps de l'oiseau, et l'on reconnaîtra, en pesant à la balance
hydrostatique le squelette d'un quadrupède et celui d'un oiseau, que le premier est spécifiquement beaucoup plus pesant
que l'autre.

Un second effet très remarquable, et que l'on doit rapporter
à la nature des os, est la durée de la vie des oiseaux, qui,
en général, est plus longue et ne suit pas les mêmes règles,
les mêmes proportions que dans les animaux quadrupèdes.
Nous avons vu que, dans l'homme et dans ces animaux, la
durée de la vie est toujours proportionnelle au temps employé
à l'accroissement du corps, et en même temps nous avons
observé qu'en général ils ne sont en état de se reproduire que

Faucon.

lorsqu'ils ont pris la plus grande partie de leur accroissement.

Dans les oiseaux, l'accroissement est plus prompt et la reproduction plus précoce : un jeune oiseau peut se servir de ses pieds en sortant de la coque, et de ses ailes peu de temps après. Il peut marcher en naissant et voler un mois ou cinq semaines après sa naissance. Cependant les oiseaux, qui croissent et se reproduisent bien plus tôt que les quadrupèdes, vivent proportionnellement beaucoup plus longtemps; car la durée totale de la vie étant, dans l'homme et dans les quadrupèdes, six à sept fois plus grande que celle de leur entier accroissement, il s'ensuivrait que le coq et le perroquet, qui ne sont qu'un an à croître, ne devraient vivre que six ou sept ans, au lieu que j'ai vu un grand nombre d'exemples bien différents : des linottes prisonnières et néanmoins âgées de quatorze ou quinze ans, des coqs de vingt ans et des perroquets de plus de trente. Je suis même porté à croire que leur vie pourrait s'étendre bien au delà de ce que je viens d'indiquer (1), et je suis persuadé que l'on ne peut attribuer cette longue durée de la vie dans des êtres aussi délicats, et que les moindres maladies font périr, qu'à la texture de leurs os dont la substance moins solide, plus légère que celle des os des quadrupèdes, reste plus longtemps poreuse; en sorte que l'os ne se durcit, ne se remplit, ne s'obstrue pas aussi vite à beaucoup près que dans les quadrupèdes. Or, cet endurcissement de la substance des os est, comme nous l'avons dit, la cause générale de la mort naturelle; le terme en est donc d'autant plus éloigné que les os sont moins solides. C'est par cette raison qu'il y a plus de femmes que d'hommes qui arrivent à une vieillesse extrême; c'est par cette même raison que les oiseaux vivent plus longtemps que les quadrupèdes, et les poissons

(1) « On a dit qu'un cygne avait vécu trois cents ans, une oie quatre-vingts, un onocrotale autant. L'aigle et le corbeau passent pour vivre très longtemps.... Aldrovande rapporte qu'un pigeon avait vécu vingt-deux ans; Willoughby dit que les linottes vivent quatorze ans, et les chardonnerets vingt-trois. »

plus longtemps que les oiseaux, parce que les os des poissons
sont d'une substance encore plus légère et qu'ils conservent
plus longtemps leur ductilité.

Si nous voulons maintenant comparer un peu plus en détail
les oiseaux avec les quadrupèdes, nous y trouverons plusieurs
rapports particuliers qui nous rappelleront l'uniformité du
plan général de la nature.

Il y a, dans les oiseaux comme dans les quadrupèdes, des
espèces carnassières, et d'autres auxquelles les fruits, les
grains, les plantes suffisent pour se nourrir. La même cause
physique, qui produit dans l'homme et dans les animaux la
nécessité de vivre de chair et d'aliments très substantiels,
se retrouve dans les oiseaux. Ceux qui sont carnassiers n'ont
qu'un estomac et des intestins moins étendus que ceux qui se
nourrissent de grains et de fruits; le jabot de ceux-ci, qui
manque généralement aux premiers, correspond à la panse
des animaux ruminants; ils peuvent vivre d'aliments légers et
maigres, parce qu'ils peuvent en prendre un grand volume en
remplissant leur jabot, et compenser ainsi la qualité par la
quantité; ils ont deux *cæcum* et un gésier, qui est un estomac
très musculeux, très ferme, qui leur sert à triturer les parties
dures des grains qu'ils avalent, au lieu que les oiseaux de proie
ont les intestins bien moins étendus et n'ont ordinairement ni
gésier, ni jabot, ni double *cæcum*.

La nature et les mœurs dépendent beaucoup des appétits.
En comparant donc à cet égard les oiseaux aux quadrupèdes, il me paraît que l'aigle, noble et généreux, est le
lion; que le vautour, cruel, insatiable, est le tigre; le milan,
la buse, le corbeau, qui ne cherchent que les vidanges et
les chairs corrompues, sont les hyènes, les loups et les chacals; les faucons, les éperviers, les autours et les autres
oiseaux chasseurs sont les chiens, les renards, les onces et les
lynx; les chouettes, qui ne voient et ne chassent que la nuit,
seront les chats; les hérons, les cormorans, qui vivent de pois-

Aigles de mer ou eiders.

sons, seront les castors et les loutres; les pics seront les
fourmiliers, puisqu'ils se nourrissent de même en tirant également la langue pour la charger de fourmis; les paons, les
coqs, les dindons, tous les oiseaux à jabot, représentent les
bœufs, les brebis, les chèvres et les autres animaux ruminants;
de manière qu'en établissant une échelle des appétits, et pré-
sentant le tableau des différentes manières de vivre, on re-
trouvera dans les oiseaux les mêmes rapports et les mêmes
différences que nous avons observés dans les quadrupèdes,
et même les nuances en seront peut-être plus variées : par
exemple, les oiseaux semblent avoir un fonds particulier de subsistance; la nature leur a livré pour nourriture tous les insectes
que les quadrupèdes dédaignent; la chair, le poisson, les
amphibies, les reptiles, les insectes, les fruits, les grains,
les semences, les racines, les herbes, tout ce qui vit et
végète devient leur pâture; et nous verrons qu'ils sont assez
indifférents sur le choix, et que souvent ils suppléent à l'une
des nourritures par une autre.

Le sens du goût, dans la plupart des oiseaux, est presque
nul ou du moins fort inférieur à celui des quadrupèdes. Ceux-
ci, dont la langue et le palais sont à la vérité moins délicats
que dans l'homme, ont cependant ces organes plus sensibles
et moins durs que les oiseaux dont la langue est presque cartilagineuse; car, de tous les oiseaux, il n'y a guère que ceux
qui se nourrissent de chair dont la langue soit molle et assez
semblable, pour la substance, à celle des quadrupèdes. Ces
oiseaux auront donc le sens du goût meilleur que les autres,
d'autant qu'ils paraissent aussi avoir plus d'odorat, et que la
finesse de l'odorat supplée à la grossièreté du goût; mais
comme l'odorat est plus faible et le tact du goût plus obtus
dans tous les oiseaux que dans les quadrupèdes, ils ne peuvent
guère juger des saveurs; aussi voit-on que la plupart ne font
qu'avaler, sans jamais savourer; la mastication, qui fait une
grande partie de la jouissance de ce sens, leur manque : ils

sont, par toutes ces raisons, si peu délicats sur les aliments
que quelquefois ils s'empoisonnent en voulant se nourrir.

C'est donc sans connaissance et sans réflexion que quelques
naturalistes ont divisé les genres des oiseaux par leur manière de vivre ; cette idée eût été plus applicable aux quadrupèdes, parce que, leur goût étant plus vif et plus sensible,
leurs appétits sont plus décidés ; quoique l'on puisse dire avec
raison des quadrupèdes comme des oiseaux que la plupart
de ceux qui se nourrissent de plantes ou d'autres aliments
maigres pourraient aussi manger de la chair. Nous voyons
les poules, les dindons et autres oiseaux qu'on appelle *granivores*, rechercher les vers, les insectes, les parcelles de
viande encore plus soigneusement qu'ils ne cherchent les
graines. On nourrit avec de la chair hachée le rossignol qui ne
vit que d'insectes ; les chouettes, les harpies, etc., qui sont
naturellement carnassières, mais qui ne peuvent attraper la nuit
que des chauves-souris, se rabattent sur les papillons-phalènes
qui rôdent aussi dans l'obscurité. Le bec crochu n'est pas,
comme le disent les gens amoureux des causes finales, un
indice, un signe certain d'un appétit décidé pour la chair, ni un
instrument fait exprès pour la déchirer, puisque les perroquets
et plusieurs autres oiseaux dont le bec est crochu semblent
préférer les fruits et les graines à la chair ; ceux qui sont les
plus voraces, les plus carnassiers mangent du poisson, des
crapauds, des reptiles lorsque la chair leur manque. Presque
tous les oiseaux, qui paraissent ne vivre que de graines, ont
néanmoins été nourris dans le premier âge par leurs pères et
mères avec des insectes.

Ainsi rien n'est plus gratuit et moins fondé que cette division des oiseaux, tirée de leur manière de vivre ou de la
différence de leur nourriture ; jamais on ne déterminera la
nature d'un être par un seul caractère ni par une seule habitude
naturelle ; il faut au moins en réunir plusieurs, car plus
les caractères seront nombreux et moins la méthode aura

d'imperfections ; mais, comme nous l'avons tant dit et répété,

Kakatoès.

rien ne peut la rendre complète que l'histoire et la description de chaque espèce en particulier.

Comme la mastication manque aux oiseaux, que le bec ne
représente qu'à certains égards la mâchoire des quadrupèdes,
que même il ne peut suppléer que très imparfaitement à
l'office des dents, qu'ils sont forcés d'avaler les graines entières
ou à demi concassées, et qu'ils ne peuvent les broyer avec le
bec, ils n'auraient pu les digérer, ni par conséquent se nourrir
si leur estomac eût été conformé comme celui des animaux qui
ont des dents.

Les oiseaux granivores ont des gésiers, c'est-à-dire des
estomacs d'une substance assez ferme et assez solide pour
broyer les aliments, à l'aide de quelques petits cailloux qu'ils
avalent ; c'est comme s'ils portaient et plaçaient à chaque fois
des dents dans leur estomac, où l'action du broiement et la
trituration par le frottement est bien plus grande que dans les
quadrupèdes et même dans les oiseaux carnassiers qui n'ont
point de gésier, mais un estomac souple et assez semblable à
celui des autres animaux. On a observé que ce seul frottement
dans le gésier avait rayé profondément et usé presque aux
trois quarts plusieurs pièces de monnaie qu'on avait fait avaler à une autruche.

De la même manière que la nature a donné aux quadrupèdes qui fréquentent les eaux ou qui habitent les pays froids
une double fourrure et des poils plus serrés, plus épais, de
même tous les oiseaux aquatiques et ceux des terres du Nord
sont pourvus d'une grande quantité de plumes et d'un duvet
très fin ; en sorte qu'on peut juger par cet indice de leur pays
natal et de l'élément auquel ils donnent la préférence.
Dans tous les climats, les oiseaux d'eau sont à peu près également garnis de plumes, et ils ont, près de la queue, de grosses
glandes, des espèces de réservoirs d'une matière huileuse
dont ils se servent pour lustrer et vernir leurs plumes, ce
qui, joint à leur épaisseur, les rend impénétrables à l'eau, qui
ne peut que glisser sur leur surface. Les oiseaux de terre
manquent de ces glandes ou les ont beaucoup plus petites.

Les oiseaux presque nus, tels que l'autruche, le casoar, le
dronte, ne se trouvent que dans les pays chauds ; tous ceux

Harpie.

des pays froids sont bien fourrés et bien couverts. Les oiseaux de haut vol ont besoin de toutes leurs plumes pour résister au froid de la moyenne région de l'air. Lorsqu'on veut

empêcher un aigle de monter trop haut et de se perdre à nos yeux, il ne faut que lui dégarnir le ventre ; il devient dès lors trop sensible au froid pour s'élever à une grande hauteur.

Tous les oiseaux en général sont sujets à la mue comme les quadrupèdes. La plus grande partie de leurs plumes tombent et se renouvellent tous les ans, et même les effets de ce changement sont bien plus sensibles que dans les quadrupèdes. La plupart des oiseaux sont souffrants et malades dans la mue ; quelques-uns en meurent ; aucun ne produit pendant ce temps ; la poule la mieux nourrie cesse de pondre. La nourriture organique, qui auparavant se trouvait employée à la reproduction, se trouve consommée, absorbée et au delà par la nutrition des ces plumes nouvelles, et cette même nourriture organique ne redevient surabondante que quand elles ont pris leur entière croissance. Communément c'est vers la fin de l'été et en automne que les oiseaux muent....

On croirait qu'il est aussi essentiel à l'oiseau de voler qu'au poisson de nager et au quadrupède de marcher : cependant il y a dans tous les genres des exceptions à ce fait général ; et de même que, dans les quadrupèdes, il y en a, comme les roussettes, les rougettes et les chauves-souris qui volent et ne marchent pas ; d'autres qui, comme les phoques, les morses et les lamantins, ne peuvent que nager, ou qui, comme les castors et les loutres, marchent plus difficilement qu'ils ne nagent ; d'autres enfin qui, comme le paresseux, peuvent à peine se traîner ; de même, dans les oiseaux, on trouve l'autruche, le casoar, le dronte, le touyou, etc., qui ne peuvent voler et sont réduits à marcher ; d'autres, comme les pingouins, les perroquets de mer, etc., qui volent et nagent, mais ne peuvent marcher ; d'autres qui, comme l'oiseau de paradis, ne marchent ni ne nagent, et ne peuvent prendre de mouvement qu'en volant. Seulement il paraît que l'élément de l'eau appartient plus aux oiseaux qu'aux quadrupèdes ; car, à l'exception d'un petit nombre d'espèces, tous les animaux terrestres fuient

l'eau et ne nagent que quand ils y sont forcés par la crainte
ou par le besoin de nourriture ; au lieu que, dans les oiseaux,

Roussette sur un bananier.

il y a une grande tribu d'espèces qui ne se plaisent que sur
l'eau et semblent n'aller à terre que par nécessité ou pour des
besoins particuliers, comme celui de déposer leurs œufs hors

de l'atteinte des eaux, et, ce qui démontre que l'élément de l'eau appartient plus aux oiseaux qu'aux animaux terrestres, c'est qu'il n'y a que trois ou quatre quadrupèdes qui aient des membranes entre les doigts des pieds, au lieu que l'on peut compter plus de trois cents oiseaux pourvus de ces membranes qui leur donnent la facilité de nager. D'ailleurs la légèreté de leurs plumes et de leurs os, la forme même de leur corps contribuent prodigieusement à cette grande facilité.

L'homme est peut-être, de tous les êtres, celui qui fait le plus d'efforts en nageant, parce que la forme de son corps est absolument opposée à cette espèce de mouvement. Dans les quadrupèdes, ceux qui ont plusieurs estomacs ou de gros et longs intestins, nagent, comme plus légers, plus aisément que les autres, parce que ces grandes cavités intérieures rendent leur corps spécifiquement moins pesant. Les oiseaux, dont les pieds sont des espèces de rames, dont la forme du corps est oblongue, arrondie comme celle d'un navire, et dont le volume est si léger qu'il n'enfonce qu'autant qu'il faut pour se soutenir, sont, pour toutes ces causes, presque aussi propres à nager qu'à voler; et même cette faculté de nager se développe la première, car on voit les petits canards s'exercer sur les eaux longtemps avant que de prendre leur essor dans les airs.

Dans les quadrupèdes, surtout dans ceux qui ne peuvent rien saisir avec leurs doigts, qui n'ont que des cornes aux pieds ou des ongles durs, le sens du toucher paraît être réuni avec celui du goût dans la gueule. Comme c'est la seule partie qui soit divisée et par laquelle ils puissent saisir les corps et en connaître la forme en appliquant à leur surface la langue, le palais et les dents, cette partie est le principal siège de leur toucher ainsi que de leur goût.

Dans les oiseaux, le toucher de cette partie est donc au moins aussi imparfait que dans les quadrupèdes, parce que leur langue et leur palais sont moins sensibles; mais il paraît

qu'ils l'emportent sur ceux-ci par le toucher des doigts, et
que le principal siège de ce sens y réside, car, en général,
ils se servent de leurs doigts beaucoup plus que les quadrupèdes, soit pour saisir (1), soit pour palper les corps. Néanmoins l'intérieur des doigts étant, dans les oiseaux, toujours
revêtu d'une peau dure et calleuse, le tact ne peut en être
délicat, et les sensations qu'il produit peuvent être assez peu
distinctes.

Voici donc l'ordre des sens, tel que la nature paraît l'avoir
établi dans les différents êtres que nous connaissons :

Dans l'homme, le toucher est le premier, c'est-à-dire le plus
parfait, le goût est le second, la vue le troisième, l'ouïe le
quatrième, et l'odorat le dernier des sens ;

Dans le quadrupède, l'odorat est le premier, le goût le
second, ou plutôt ces deux sens n'en font qu'un ; la vue le
troisième, l'ouïe le quatrième, et le toucher le dernier ;

Dans l'oiseau, la vue est le premier, l'ouïe est le second,
le toucher est le troisième, le goût et l'odorat les derniers.

Les sensations dominantes dans chacun de ces êtres suivent
le même ordre ; l'homme sera plus ému par les impressions
du toucher, le quadrupède par celles de l'odorat, et l'oiseau
par celles de la vue. La plus grande partie de leurs jugements,
de leurs déterminations dépendront de ces sensations dominantes ; celles des autres sens, étant moins fortes et moins nombreuses, seront subordonnées aux premières et n'influeront
qu'en second sur la nature de l'être : l'homme sera aussi réfléchi que le sens du toucher paraît grave et profond, le quadrupède aura des appétits plus véhéments que ceux de

(1) On voit, dans l'histoire des animaux quadrupèdes, qu'il n'y en a
pas un tiers qui se servent de leurs pieds de devant pour porter à
leur gueule, au lieu que la plupart des oiseaux se servent d'une de leurs
pattes pour porter à leur bec, quoique cet acte doit leur coûter plus
qu'aux quadrupèdes, puisque, n'ayant que deux pieds, ils sont obligés
de se soutenir avec effort sur un seul, pendant que l'autre agit ; au lieu
que le quadrupède est alors appuyé sur les trois autres pieds ou assis
sur la partie postérieure de son corps.

l'homme, et l'oiseau des sensations plus légères et aussi étendues que l'est le sens de la vue.

Si maintenant nous passons aux mœurs intimes des oiseaux, au sentiment de la famille, nous le trouvons bien plus marqué chez eux que chez tous les autres animaux. Forcés, pour déposer leurs œufs, de construire un nid que la femelle commence par nécessité et auquel le mâle travaille par complaisance, ils s'occupent ensemble de cet ouvrage et prennent de l'attachement l'un pour l'autre. Les soins multipliés, les secours mutuels, les inquiétudes communes fortifient ce sentiment qui augmente encore et qui devient plus durable par une seconde nécessité, c'est de ne pas laisser refroidir les œufs; la femelle ne pouvant les quitter, le mâle va chercher et lui apporte sa subsistance; quelquefois même il la remplace et se réunit avec elle pour augmenter la chaleur du nid et partager la fatigue et l'ennui de sa longue immobilité. L'attachement qui s'est formé entre eux subsiste dans toute sa force pendant le temps de l'incubation, et il paraît s'accroître encore et s'épanouir davantage à la naissance des petits; c'est une autre jouissance, ce sont de nouveaux liens; l'éducation est un nouvel ouvrage auquel le père et la mère doivent travailler de concert.

Les oiseaux nous représentent donc tout ce qui se passe dans un ménage honnête : un attachement sans partage et qui ne se répand ensuite que sur la famille. Tout cela tient, comme l'on voit, à la nécessité de s'occuper ensemble de soins indispensables et de travaux communs.

Dans les animaux quadrupèdes, on ne voit point d'attachement, c'est-à-dire de sentiment durable entre le mâle et la femelle; la femelle reste seule chargée du poids de sa progéniture et des peines de l'éducation. Elle n'a d'attachement que pour ses petits, et ce sentiment dure souvent plus longtemps que dans l'oiseau. Comme il paraît dépendre du besoin que les petits ont de leur mère, qu'elle les nourrit de sa propre substance, et que ses secours sont plus longtemps nécessaires dans la plupart des quadrupèdes qui croissent plus lentement que les oiseaux, l'attachement dure aussi plus longtemps.

.... Ce qui prouve que cet attachement et ce sentiment de famille, sur lesquels nous croyons devoir insister, sont produits chez les oiseaux par un travail commun, c'est qu'ils n'existent point chez ceux qui ne font pas de nid. On le voit par l'exemple familier de nos oiseaux de basse-cour. Le peu de besoin que ces oiseaux domestiques ont de construire un nid pour se mettre en sûreté et se soustraire aux regards, l'abondance dans laquelle ils vivent, la facilité de recevoir leur nourriture ou de la trouver toujours au même lieu, toutes les autres commodités que l'homme leur fournit et qui les dispensent des travaux, des soins et des inquiétudes que les autres éprouvent et partagent en commun, rendent le mâle presque indifférent à la ponte, à l'incubation et ensuite à l'éducation des petits ; l'égoïsme remplace la sollicitude que l'oiseau libre ressent pour sa famille, et on trouve chez lui les premiers effets du luxe et les maux de l'opulence.

.... Un oiseau, après avoir construit son nid et fait sa ponte, que je suppose de cinq œufs, cesse de pondre et ne s'occupe plus que de leur conservation. Tout le reste de la saison sera employé à l'incubation et à l'éducation des petits, et il n'y aura point d'autre ponte ; mais si par hasard on brise les œufs, on renverse le nid, il en construit bientôt un autre et pond encore trois ou quatre œufs ; et si on détruit ce second ouvrage comme le premier, l'oiseau travaillera de nouveau et pondra encore deux ou trois œufs. Cette seconde et cette troisième ponte dépendaient donc en quelque sorte de la volonté de l'oiseau. Lorsque la première réussit et tant qu'elle subsiste, il lui consacre tous ses soins ; mais si la mort moissonne sa famille naissante ou prête à naître, il la remplace par une famille nouvelle ; ce n'est que par la force qu'il se départ de l'attachement pour ses petits.

.... En rassemblant, sous un seul point de vue, les idées

et les faits que nous venons d'exposer, nous trouverons que
le sens intérieur, le *sensorium* de l'oiseau, est principalement
rempli d'images produites par le sens de la vue ; que ces
images sont superficielles mais très étendues, et la plupart
relatives au mouvement, aux distances, aux espaces ; que,
voyant une province entière aussi nettement que nous voyons
notre horizon, il porte dans son cerveau une carte géogra-
phique des lieux qu'il a vus ; que la facilité qu'il a de les
parcourir de nouveau est l'une des causes déterminantes de
ses fréquentes promenades et de ses migrations ; nous recon-
naîtrons qu'étant très susceptible d'être ébranlé par le son de
l'ouïe, les bruits soudains doivent le remuer violemment,
lui donner de la crainte et le faire fuir, tandis qu'on peut le
faire approcher par des sons doux et le leurrer par des ap-
peaux ; que les organes de la voix étant très forts et très
flexibles, l'oiseau ne peut manquer de s'en servir pour exprimer ses sensations, transmettre ses affections et se faire entendre de très loin ; qu'il peut aussi se mieux exprimer que le
quadrupède, puisqu'il a plus de signes, c'est-à-dire plus d'inflexions dans la voix ; que, pouvant recevoir facilement et
conserver longtemps les impressions des sons, l'organe de ce
sens se monte comme un instrument qu'il se plaît à faire ré-
sonner ; mais que ces sons communiqués et qu'il répète mé-
caniquement n'ont aucun rapport avec ses affections intérieures ;
que le sens du toucher ne lui donnerait que des sensations
imparfaites, il n'a que des notions peu distinctes de la forme
des corps quoiqu'il en voie très clairement la surface ; que
c'est par le sens de la vue et non par celui de l'odorat qu'il
est averti de loin de la présence des choses qui peuvent lui
servir de nourriture ; qu'il a plus de besoin que d'appétit,
plus de voracité que de sensualité ou de délicatesse de goût.
Nous verrons que, pouvant aisément se soustraire à la main
de l'homme et se mettre même hors de la portée de sa vue,
les oiseaux ont dû conserver un naturel sauvage et trop d'in-

dépendance pour être réduits en véritable domesticité ; qu'étant
plus libres, plus éloignés que les quadrupèdes, plus indépendants de l'empire de l'homme, ils sont moins troublés
dans le cours de leurs habitudes naturelles ; que c'est par cette
raison qu'ils se rassemblent plus volontiers ; et que la plupart
ont un instinct décidé pour la société ; qu'étant forcés de s'occuper en commun des soins de leur famille et même de travailler d'avance à la construction de leur nid, ils prennent un
fort attachement l'un pour l'autre, qui devient leur affection
dominante et se répand ensuite sur leurs petits ; que ce sentiment doux tempère les passions violentes et fait la pureté
de leurs mœurs et la douceur de leur naturel ; qu'enfin cette
classe d'êtres légers, que la nature paraît avoir produite dans
sa gaîté, peut néanmoins être regardée comme un peuple sé-
rieux, honnête, dont on a eu raison de tirer des fables morales
et d'emprunter des exemples utiles.

Cygne.

LES OISEAUX DE PROIE

N pourrait dire, absolument parlant, que tous les oiseaux vivent de proie, puisque presque tous recherchent et prennent les insectes, les vers et les autres petits animaux vivants; mais je n'entends ici par oiseaux de proie que ceux qui se nourrissent de chair et font la guerre aux autres oiseaux; et, en les comparant aux quadrupèdes carnassiers, je trouve qu'il y en a proportionnellement beaucoup moins.

La tribu des lions, des panthères, onces, léopards, guépards, jaguars, couguars, ocelots, servals, margais, chats sauvages et domestiques; celle des chiens, des chacals, loups, renards, isatis; celle des hyènes, civettes, zibets, genettes et fossanes; les tribus plus nombreuses encore des fouines, martres, putois, mouffettes, furets, vausires, hermines, belettes, zibelines, mangoustes, surikates, gloutons, pékems, visons, sousliques, et des sarigues, marmoses, cayopollins, tarsiers, phalangers; celle des roussettes, rougettes, chauves-souris, à laquelle on peut encore ajouter toute la famille des rats qui, trop faibles pour attaquer les autres, se dévorent eux-mêmes; tout cela forme un nombre plus considérable que celui des aigles, des vautours, éperviers, faucons, gerfauts, milans, buses, crécerelles, émérillons, ducs, hiboux, chouettes, pies-grièches et corbeaux qui sont les seuls oiseaux dont l'appétit pour la chair soit bien décidée, et encore y en a-t-il plusieurs, tels que les milans, les buses et les corbeaux, qui se nourrissent plus volontiers de cadavres que d'animaux vivants, en sorte qu'il n'y a pas une quinzième partie du nombre total

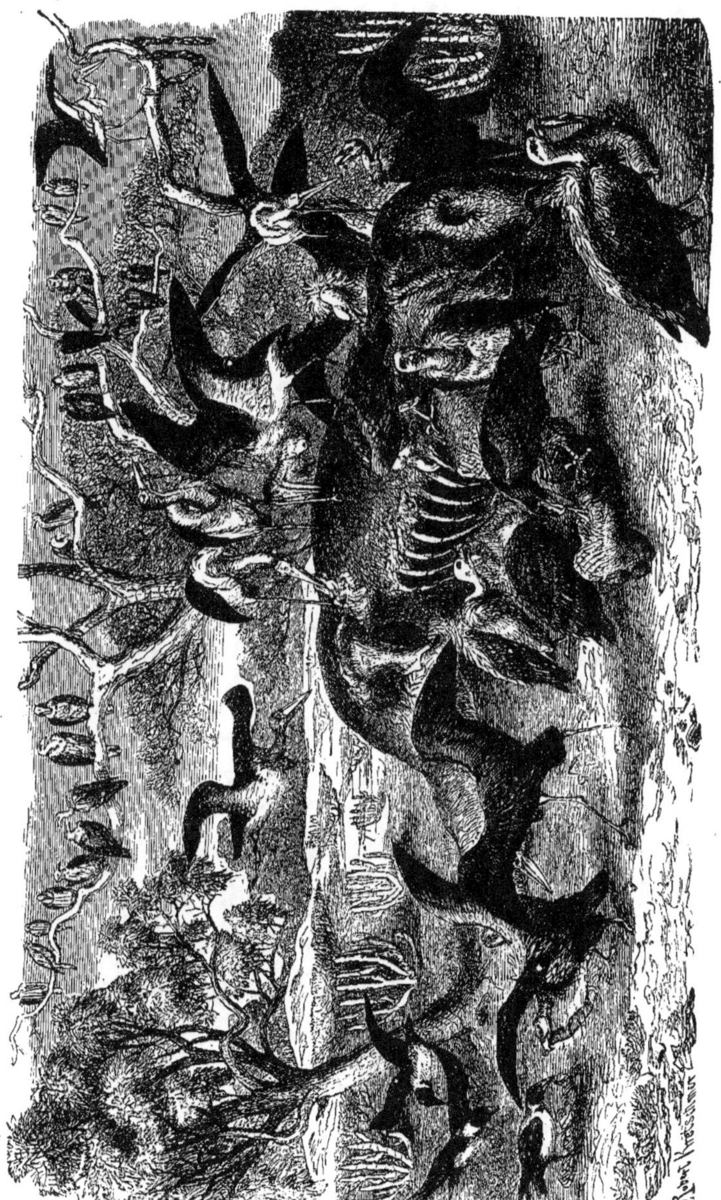

Vautours et cigognes dépeçant un éléphant mort.

des oiseaux qui soient carnassiers, tandis que, dans les quadrupèdes, il y en a plus du tiers.

Les oiseaux de proie, étant moins puissants, moins forts, et beaucoup moins nombreux que les quadrupèdes carnassiers, font aussi beaucoup moins de dégâts sur la terre; mais en revanche, comme si la tyrannie ne perdait jamais ses droits, il existe une grande tribu d'oiseaux qui font une prodigieuse déprédation sur les eaux.

Il n'y a guère, parmi les quadrupèdes, que les castors, les loutres, les phoques et les morses qui vivent de poissons, au lieu qu'on peut compter un très grand nombre d'oiseaux qui n'ont pas d'autre subsistance.

Nous séparerons ici ces tyrans de l'eau des tyrans de l'air et ne parlerons pas dans cet article de ces oiseaux qui ne sont que pêcheurs et piscivores; ils sont, pour la plupart, d'une forme différente, et d'une nature assez éloignée des oiseaux carnassiers ; ceux-ci saisissent leur proie avec des serres; ils ont tous le bec court et crochu, les doigts bien séparés et dénués de membranes, les jambes fortes et ordinairement recouvertes par les plumes des cuisses, les ongles grands et crochus, tandis que les autres prennent le poisson avec le bec, qu'ils ont droit et pointu, et qu'ils ont aussi les doigts réunis par des membranes, les ongles faibles et les jambes tournées en arrière.

En ne comptant pour oiseaux de proie que ceux que nous venons d'indiquer et séparant encore pour un instant les oiseaux de nuit et les oiseaux de jour, nous les présenterons dans l'ordre qui nous a paru le plus naturel : nous commencerons par les aigles, les vautours, les milans, les buses ; nous continuerons par les éperviers, les gerfauts, les faucons, et nous terminerons par les émérillons et les pies-grièches.

Plusieurs de ces articles contiennent un assez grand nombre d'espèces et de races constantes, produites par l'influence du climat, et nous joindrons à chacun les oiseaux étrangers qui ont rapport à ceux de notre climat.

Par cette méthode, nous donnerons non seulement tous les oiseaux du pays, mais encore tous les oiseaux étrangers dont parlent les auteurs, et toutes les espèces nouvelles que nos correspondances nous ont procurées et qui ne laissent pas d'être en assez grand nombre.

Tous les oiseaux de proie sont remarquables par une singularité dont il est difficile de donner la raison : c'est que les mâles sont d'environ un tiers moins grands et moins forts que les femelles, tandis que, dans les quadrupèdes et dans les autres oiseaux, ce sont, comme l'on sait, les mâles qui ont le plus de grandeur et de force. A la vérité, dans les insectes, et même dans les poissons, les femelles sont un peu plus grosses que les mâles, et l'on en voit clairement la raison : c'est la prodigieuse quantité d'œufs qu'elles contiennent qui renfle leur corps et en augmente le volume apparent; mais cela ne peut, en aucune façon, s'appliquer aux oiseaux, d'autant qu'il paraît par le fait que c'est tout le contraire; car dans ceux qui produisent des œufs en grand nombre, les femelles ne sont pas plus grandes que les mâles; les poules, les canes, les dindes, les poules faisannes, les perdrix, les cailles femelles qui produisent dix-huit ou vingt œufs, sont plus petites que leurs mâles, tandis que les femelles des aigles, des vautours, des éperviers, des milans et des buses, qui n'en produisent que trois ou quatre, sont d'un tiers plus grosses que les mâles; c'est par cette raison qu'on appelle *tiercelet* le mâle de toutes les espèces d'oiseaux de proie. Ce mot est un nom générique et non pas spécifique, comme quelques auteurs l'ont écrit, et ce nom générique indique seulement que le mâle ou tiercelet est d'un tiers environ plus petit que la femelle.

Ces oiseaux ont tous, pour habitude naturelle et commune, le goût de la chasse et l'appétit de la proie, le vol très élevé, l'aile et les jambes fortes, la vue très perçante, la tête grosse,

Morses.

la langue charnue, l'estomac simple et membraneux, les intestins moins amples et plus courts que les autres oiseaux. Ils
habitent de préférence les lieux solitaires, les montagnes
désertes, et font communément leur nid dans les trous des
rochers ou sur les plus hauts arbres ; l'on en trouve plusieurs
espèces dans les deux continents ; quelques-uns mêmes ne
paraissent pas avoir de climat fixe et bien déterminé.

Enfin ils ont encore pour caractères généraux et communs
le bec crochu, les quatre doigts à chaque pied, tous quatre
bien séparés ; mais on distinguera toujours un aigle d'un vautour par un caractère évident : l'aigle a la tête couverte de
plumes, au lieu que le vautour l'a nue et garnie d'un simple
duvet, et on les distinguera tous deux des éperviers, buses,
milans et faucons, par un autre caractère qui n'est pas difficile
à saisir : c'est que le bec de ces divers oiseaux commence à se
courber dès son insertion, tandis que le bec des aigles et des
vautours commence par une partie droite et ne prend de la
courbure qu'à quelque distance de son origine.

La plupart des oiseaux de proie ne pondent qu'un petit
nombre d'œufs. Il y en a, comme le grand aigle et l'orfraie,
qui n'en pondent que deux, et d'autres, comme la crécerelle et
l'émérillon, qui en donnent jusqu'à sept. Il en est à cet égard
des oiseaux comme des quadrupèdes ; le nombre de leur multiplication est en raison inverse de leur grandeur ; les grands
oiseaux produisent moins que les petits, et en raison de ce
qu'ils sont plus petits, ils produisent davantage.

Cette loi me paraît généralement établie dans tous les ordres
de la nature vivante ; cependant on pourrait m'opposer ici
l'exemple des pigeons qui, quoique petits, c'est-à-dire d'une
grandeur médiocre, ne produisent que deux œufs, et des plus
petits oiseaux qui n'en produisent ordinairement que cinq ;
mais il faut considérer le produit absolu d'une année et ne
pas oublier que le pigeon, qui ne pond que deux et quelquefois
trois œufs pour une seule couvée, fait souvent deux, trois et

quatre pontes du printemps à l'automne, et que, dans les plus
petits oiseaux, il y en a aussi plusieurs qui pondent plusieurs
fois pendant le temps de ces mêmes saisons, de manière qu'à
tout prendre et tout considérer, il est toujours vrai de dire
que, toutes choses égales d'ailleurs, le nombre dans le produit
est proportionnel à la petitesse de l'animal, dans les oiseaux
comme dans les quadrupèdes.

Tous les oiseaux de proie ont plus de dureté dans le naturel
et plus de férocité que les autres oiseaux ; non seulement ils
sont les plus difficiles de tous à apprivoiser, mais ils ont encore
presque tous plus ou moins l'habitude dénaturée de chasser
leurs petits du nid bien plus tôt que les autres, et dans le temps
qu'ils leur devraient encore des soins et des secours pour leur
subsistance. Cette cruauté, comme toutes les autres duretés
naturelles, n'est produite que par un sentiment encore plus
dur, qui est le besoin pour soi-même et la nécessité.

Tous les animaux qui, par la conformation de leur estomac
et de leurs intestins, sont forcés de se nourrir de chair et de
vivre de proie, quand même ils seraient nés doux, deviennent
bientôt offensifs et méchants par le seul usage de leurs armes.
Ils prennent ensuite de la férocité par l'habitude des combats ;
comme ce n'est qu'en détruisant les autres qu'ils peuvent satisfaire leurs besoins et qu'ils ne peuvent les détruire qu'en
leur faisant continuellement la guerre, ils portent une âme de
colère qui influe sur toutes leurs actions, détruit tous les sentiments doux et affaiblit même la tendresse maternelle. Trop
pressé de ses propres besoins, l'oiseau de proie n'entend
qu'impatiemment et sans pitié les cris de ses petits, d'autant
plus affamés qu'ils deviennent plus grands. Si la chasse se
trouve difficile et que la proie vienne à manquer, il les ex-
pulse, les frappe et quelquefois les tue dans un accès de fureur
causée par la misère.

Un autre effet de cette dureté naturelle et acquise est l'inso-
ciabilité. Les oiseaux de proie, ainsi que les quadrupèdes car-

nassiers, ne se réunissent jamais les uns avec les autres ; ils mènent, comme les voleurs, une vie errante et solitaire. L'ins-

Vautour.

tinct réunit le mâle et la femelle, et comme tous deux sont en état de se pourvoir et qu'ils peuvent même s'aider à la guerre qu'ils font aux autres animaux, ils ne se quittent guère et ne se séparent pas, même après l'éducation des petits achevée.

On trouve presque toujours une paire de ces oiseaux dans le même lieu, mais presque jamais on ne les voit s'attrouper, ni même se réunir en famille ; et ceux qui, comme les aigles, sont les plus grands et ont besoin par cette raison de plus de subsistance, ne souffrent pas même que leurs petits, devenus leurs rivaux, viennent occuper les lieux voisins de ceux qu'ils habitent ; tandis que tous les oiseaux et tous les quadrupèdes, qui n'ont besoin pour se nourrir que des fruits de la terre, vivent en famille, cherchant la société de leurs semblables et se mettent en bandes et en troupes nombreuses, et n'ont d'autres querelles, d'autres causes de guerre que celles causées par leur attachement pour leurs petits.

Avant d'entrer dans les détails historiques qui ont rapport à chaque espèce d'oiseaux de proie, nous ne pouvons nous dispenser de faire quelques remarques sur les méthodes que l'on a employées pour reconnaître les espèces et les distinguer les unes des autres. Les couleurs, leur distribution, leurs nuances, les taches, les bandes, les raies, les lignes servent de fondement, dans ces méthodes, à la distinction des espèces, et un méthodiste ne croit avoir fait une bonne description que quand il a, d'après un plan donné et toujours uniforme, fait l'énumération de toutes les couleurs du plumage et de toutes les taches, bandes ou autres variétés qui s'y trouvent. Lorsque ces variétés sont grandes et seulement assez sensibles pour être aisément remarquées, il en conclut, sans hésiter, que ce sont des indices certains de la différence des espèces, et, en conséquence, on constitue autant d'espèces d'oiseaux qu'on remarque de différences dans les couleurs.

Cependant rien n'est plus fautif et incertain ; nous pourrions faire d'avance une longue énumération des doubles et triples emplois d'espèces faits par nos nomenclateurs d'après cette méthode de la différence des couleurs ; mais il nous suffira de faire sentir ici les raisons sur lesquelles nous fondons cette critique et de remonter en même temps à la source qui produit ces erreurs.

Tous les oiseaux, en général, muent dans la première année de leur âge, et les couleurs de leur plumage sont presque toujours, après cette première mue, très différentes de ce qu'elles étaient auparavant. Ce changement de couleur après le premier âge, est assez général dans la nature et s'étend jusqu'aux quadrupèdes, qui portent alors ce qu'on appelle la *livrée*, et qui perdent cette livrée, c'est-à-dire les premières couleurs de leur pelage, à la première mue.

Dans les oiseaux de proie, l'effet de cette première mue change si fort les couleurs, leur distribution, leur position, qu'il n'est pas étonnant que nos nomenclateurs, qui presque tous ont négligé l'histoire des oiseaux, aient donné comme des espèces diverses le même oiseau, dans ces deux états différents, dont l'un a précédé et l'autre suivi la mue. Après ce premier changement, il s'en fait un second assez considérable après la seconde et souvent encore à la troisième mue; en sorte que, par cette seule première cause, l'oiseau de six mois, celui de dix-huit mois et celui de deux ans et demi, quoique le même, paraît être trois oiseaux différents, surtout à ceux qui n'ont pas étudié leur histoire et qui n'ont d'autre guide, d'autre moyen de les connaître que les méthodes fondées sur les couleurs.

Cependant ces couleurs changent souvent du tout au tout, non seulement par la cause générale de la mue, mais encore par un grand nombre d'autres causes particulières. La différence des sexes est souvent accompagnée d'une grande différence dans la couleur; il y a d'ailleurs des espèces qui, dans le même climat, varient même indépendamment de l'âge et du sexe; il y en a, et en beaucoup plus grand nombre, dont les couleurs changent absolument par l'influence des différents climats.

Rien n'est donc plus incertain que la connaissance des

oiseaux et surtout de ceux de proie, dont il est ici question,
par les couleurs et leurs distributions ; rien de plus fautif que
la distinction de leurs espèces fondée sur des caractères aussi
inconstants qu'accidentels.

« Bien que nous n'ayons pas l'intention de suivre le grand
naturaliste dans ses descriptions particulières, nous donnerons
un type de ces descriptions, après les généralités sur les deux
principales espèces que nous avons choisies pour les reproduire dans ce volume : *les oiseaux de proie, les oiseaux qui
ne volent pas.*

» Pour les premiers, ce type sera le grand aigle ; pour les
seconds, ce sera l'autruche, dont les mœurs, la chasse,
l'éducation et l'exploitation commerciale nous conduiront dans
ces vastes solitudes de l'Afrique, si peu connues et si admirables par les contrastes qui s'y heurtent, si l'on peut ainsi
parler. Quelle différence, en effet, entre ces oasis enchantées
que la nature s'est plu a y disséminer, et ces plaines de sable,
ces déserts desséchés que ravage le simoun et au sein desquels
hommes et animaux sont à tout instant menacés de mort. »

Le petit aigle (*Falco nœvius*).

LE GRAND AIGLE

(FALCO CHRYSÆTUS)

A première espèce parmi les aigles est celui que Belin, après Athénée, a nommé *l'aigle royal* ou *le roi des aigles ;* c'est en effet l'aigle d'espèce franche et de race noble, appelé pour cette raison ἀετός γνήσιος par Aristote (1).

C'est le plus grand de tous les aigles ; la femelle a jusqu'à trois pieds et demi de longueur depuis le bout du bec jusqu'à l'extrémité des pieds, et plus de huit pieds et demi de vol ou d'envergure ; elle pèse seize et même dix-huit livres. Le mâle est plus petit et ne pèse guère que douze livres.

Tous deux ont le bec très fort et assez semblable à de la corne bleuâtre, et les ongles noirs et pointus dont le plus grand, qui est celui de derrière, a quelquefois jusqu'à cinq pouces de longueur ; les yeux sont grands mais paraissent renfermés dans une cavité profonde que la partie supérieure de l'orbite couvre comme un toit avancé. L'iris de l'œil est d'un beau jaune clair et brille d'un feu très vif ; l'humeur vitrée est de couleur topaze ; le cristallin, qui est sec et solide, a le brillant et l'éclat du diamant. L'œsophage se dilate en une large poche qui peut contenir une pinte de liqueur ; l'estomac, qui est au-dessous, n'est pas à beaucoup près aussi grand que cette pre-

(1) Voir la vignette page 49.

mière poche, mais il est à peu près également souple et membraneux.

Cet oiseau est gras, surtout en hiver ; sa graisse est blanche, et sa chair, quoique dure et fibreuse, ne sent pas le sauvage comme celle des autres oiseaux de proie.

On trouve cette espèce en Grèce ; en France, dans les montagnes du Bugey ; en Allemagne, dans les montagnes de Silésie, dans les forêts de Dantzick ; dans les monts Carpatiens, dans les Pyrénées et dans les montagnes d'Irlande. On le trouve aussi dans l'Asie Mineure et en Perse ; car les anciens Perses avaient, avant les Romains, pris l'aigle pour leur enseigne de guerre, et c'était ce grand aigle, cet aigle doré (*aquila fulva*) qui était dédié à Jupiter.

On voit aussi par le témoignage des voyageurs qu'on le trouve en Arabie, en Mauritanie et dans plusieurs autres provinces de l'Afrique et de l'Asie, jusqu'en Tartarie ; mais point en Sibérie, ni dans le reste du nord de l'Asie. Il en est à peu près de même en Europe ; car cette espèce, qui est partout assez rare, l'est moins dans nos contrées méridionales que dans les provinces tempérées, et on ne le trouve plus dans celles de notre nord, au delà du cinquante-cinquième degré de latitude ; aussi ne l'a-t-on pas retrouvé dans l'Amérique septentrionale, quoique l'on y trouve l'aigle commun.

Le grand aigle paraît donc être demeuré dans les pays tempérés et chauds de l'ancien continent, comme tous les autres animaux auxquels le grand froid est contraire et qui, par cette raison, n'ont pu passer dans le nouveau.

L'aigle a plusieurs convenances physiques et morales avec le lion ; la force et par conséquent l'empire sur les autres oiseaux, comme le lion sur les quadrupèdes ; la magnanimité : ils dédaignent également les petits animaux et méprisent leurs insultes ; ce n'est qu'après avoir été longtemps provoqué par les cris importuns de la corneille ou de la pie que l'aigle se détermine à les punir de mort ; d'ailleurs il ne veut d'autre bien

que celui qu'il conquiert, d'autre proie que celle qu'il prend
lui-même ; la tempérance : il ne mange presque jamais son
gibier en entier, et il laisse, comme le lion, les débris et les
restes aux autres animaux. Quelque affamé qu'il soit, il ne se
jette jamais sur les cadavres.

Il est encore solitaire comme le lion, habitant d'un désert
dont il défend l'entrée et l'usage de la chasse à tous les autres
oiseaux ; car il est peut-être plus rare de voir deux paires
d'aigles dans la même portion de montagnes que deux familles
de lions dans la même partie de forêt ; ils se tiennent assez

Lion.

loin les uns des autres pour que l'espace qu'ils se sont départi
leur fournisse une ample subsistance ; ils ne comptent la valeur et l'étendue de leur royaume que par le produit de la
chasse.

L'aigle a, de plus, les yeux étincelants et de la même couleur à peu près que ceux du lion, les ongles de la même forme,
l'haleine tout aussi forte, le cri également effrayant. Nés tous
deux pour le combat et la proie, ils sont également ennemis
de toute société, également féroces, également fiers et difficiles à réduire ; on ne peut les apprivoiser qu'en les prenant
tout petits.

Ce n'est qu'avec beaucoup de patience et d'art qu'on peut
dresser à la chasse un jeune aigle de cette espèce ; il devient

même dangereux pour son maître dès qu'il a pris de la force
et de l'âge. Nous voyons, par le témoignage des auteurs,
qu'anciennement on s'en servait, en Orient, pour la chasse
au vol; mais depuis longtemps on l'a banni des fauconneries;
il est trop lourd pour pouvoir, sans une grande fatigue, être
porté sur le poing; jamais assez privé, assez doux, assez sûr
pour ne pas faire craindre ses caprices et ses moments de
colère à son maître.

Il a le bec et les ongles crochus et formidables; sa figure
répond à son naturel. Indépendamment de ses armes, il a le
corps robuste et compact, les jambes et les ailes très fortes,
les os fermes, la chair dure; les plumes rudes, l'attitude
fière et droite, les mouvements brusques et le vol très rapide.
C'est de tous les oiseaux celui qui s'élève le plus haut, et c'est
par cette raison que les anciens ont appelé l'aigle *l'oiseau
céleste*, et qu'ils le regardaient dans les augures comme le
messager de Jupiter. Il voit par excellence, mais il n'a que
peu d'odorat en comparaison du vautour. Il ne chasse donc
qu'à vue, et lorsqu'il a saisi sa proie, il rabat son vol comme
pour en éprouver le poids et la pose à terre avant de l'emporter.

Quoiqu'il ait l'aile très forte, comme il a peu de souplesse
dans les jambes, il a quelque peine à s'élever de terre, surtout lorsqu'il est chargé; il emporte aisément les oies, les
grues; il enlève aussi les lièvres et même les petits agneaux,
les chevreaux, et lorsqu'il attaque les faons et les veaux, c'est
pour se rassasier sur le lieu de leur sang et de leur chair, et
en emporter ensuite les lambeaux dans son *aire ;* c'est ainsi
qu'on appelle son nid, qui est, en effet, tout plat, et non pas
creux comme celui de la plupart des autres oiseaux; il le
place ordinairement entre deux rochers, dans un lieu sec et
inaccessible.

On assure que le même nid sert à l'aigle pendant toute sa
vie : c'est réellement un ouvrage assez considérable pour

Aigle apportant la pâture à ses petits.

n'être fait qu'une fois et assez solide pour durer longtemps.
Il est construit à peu près comme un plancher, avec de
petites perches ou bâtons de cinq ou six pieds de longueur,
appuyés par les deux bouts et traversés par des branches simples
recouvertes de plusieurs lits de jonc et de bruyère. Ce plancher ou ce nid est large de plusieurs pieds, et assez ferme
non seulement pour soutenir l'aigle, sa femelle et ses petits,
mais pour supporter encore le poids d'une grande quantité de
vivres. Il n'est point couvert par le haut, et n'est abrité que
par l'avancement des parties supérieures du rocher.

La femelle dépose ses œufs dans le milieu de cette aire ; elle
n'en pond que deux ou trois, qu'elle couve, dit-on, pendant
trente jours ; mais dans ces œufs, il s'en trouve souvent d'infé-
conds, et il est rare de rencontrer trois aiglons dans un nid ;
ordinairement il n'y en a qu'un ou deux. On prétend même
que, dès qu'ils deviennent un peu grands, la mère tue le plus
faible ou le plus vorace de ses petits. La disette seule peut produire ce sentiment dénaturé : les père et mère, n'ayant pas
assez pour eux-mêmes, cherchent à réduire leur famille ; et dès
que les petits commencent à être assez forts pour voler et se
pourvoir d'eux-mêmes, ils les chassent au loin sans leur per-
mettre de jamais revenir.

Les aiglons n'ont pas les couleurs du plumage aussi fortes
que quand ils sont adultes ; ils sont d'abord blancs, ensuite
d'un jaune pâle, et deviennent enfin d'un jaune assez vif. La
vieillesse ainsi que les grandes diètes, les maladies et la trop
longue captivité les font blanchir. On assure qu'ils vivent
plus d'un siècle, et l'on prétend que c'est moins encore de
vieillesse qu'ils meurent que de l'impossibilité de prendre de
la nourriture, leur bec se recourbant si fort avec l'âge, qu'il
leur devient inutile.

Cependant on assure, des aigles gardés dans des ména-
geries, qu'ils aiguisent leur bec, et que l'accroissement n'en est
pas sensible pendant plusieurs années. On a aussi observé

qu'on pouvait les nourrir avec toutes sortes de chair, même
avec celle des autres aigles, et que, faute de chair, ils mangent
très bien du pain, des serpents, et toutes ces espèces de
reptiles qui atteignent, dans les climats où vit le lion, de si
immenses proportions. Ils ne dédaignent pas au besoin les plus
petits, et le modeste lézard devient leur proie aussi bien que
l'iguane énorme, ou le terrible crocodile guétant sa proie
dans les roseaux qui bordent les grands fleuves des terres
tropicales. Lorsqu'ils ne sont point apprivoisés, ils mordent
cruellement les chats, les chiens, les hommes qui veulent les

Serpent boa.

approcher. Ils jettent de temps en temps un cri aigu, sonore,
perçant, lamentable et d'un son soutenu. L'aigle boit très
rarement, et peut-être point du tout quand il est en liberté,
parce que le sang de ses victimes suffit à sa soif.

C'est à cette grande espèce qu'on doit rapporter un passage
de Léon l'Africain et tous les autres témoignages des voyageurs en Afrique et en Asie, qui s'accordent à dire que cet
oiseau enlève non seulement les agneaux, les chevreaux,
les jeunes gazelles, mais qu'il attaque aussi, quand il est
dressé, les renards et les loups.

OISEAUX QUI NE PEUVENT VOLER

Es oiseaux les plus légers qui percent les nues, nous passons aux plus pesants qui ne peuvent quitter la terre. Le pas est brusque ; mais la comparaison est la voie de toutes nos connaissances; et le contraste étant ce qu'il y a de plus frappant dans la comparaison, nous ne saisissons jamais mieux, que par l'opposition, les points principaux de la nature des êtres que nous considérons.

De même, ce n'est que par un coup d'œil ferme sur les extrêmes que nous pouvons juger des milieux.

La nature, déployée dans toute son étendue, nous présente son immense tableau, dans lequel tous les ordres des êtres sont chacun représentés par une chaîne que soutient une suite continue d'objets assez voisins, assez semblables, pour que leurs différences soient difficiles à saisir. Cette chaîne n'est pas un simple fil qui ne s'étend qu'en longueur; c'est une large trame, ou plutôt un faisceau qui, d'intervalle à intervalle, jette des branches de côté pour se réunir avec des faisceaux d'un autre ordre, et c'est surtout aux deux extrémités que ces faisceaux se plient, se ramifient pour en atteindre d'autres.

Nous avons vu, dans l'ordre des quadrupèdes, l'une des extrémités de la chaîne s'élever vers l'ordre des oiseaux par les palatouches, les roussettes, les chauves-souris, qui, comme eux, ont la faculté de voler. Nous avons vu cette même chaîne, par son autre extrémité, se rabaisser jusqu'à l'ordre des céta-

cés, par les phoques, les morses, les lamantins. Nous avons
vu, dans le milieu de cette chaîne, une branche s'étendre du
singe à l'homme par le magot, le gibbon, le pithèque et l'orang-
outang. Nous l'avons vue, dans un autre point, jeter un
double et triple rameau, d'un côté, vers les reptiles par les
fourmiliers, les phalogins, les pangolins, dont la forme
approche de celle des crocodiles, des iguanes, des lézards;
et, d'un autre côté, vers les crustacés, par les tatous dont le
corps en entier est revêtu d'une cuirasse osseuse.

Il en sera de même du faisceau qui soutient l'ordre très
nombreux des oiseaux. Si nous plaçons au premier point, en
haut, les oiseaux aériens les plus légers, les mieux volants,
nous descendrons par degrés et même par nuances presque
insensibles aux oiseaux les plus pesants, les moins agiles et
qui, dénués des instruments nécessaires à l'exercice du vol,
ne peuvent ni s'élever ni se soutenir dans l'air, et nous trouverons que cette extrémité inférieure du faisceau se divise en
deux branches, dont l'une contient les oiseaux terrestres, tels
que l'autruche, le casoar, le touyou, le dronte, etc., qui ne
peuvent quitter la terre ; et l'autre se projette de côté sur les
pingouins et autres oiseaux aquatiques, auxquels l'usage, ou
plutôt le séjour de la terre et de l'air, sont également interdits
et qui ne peuvent s'élever au-dessus de la surface de l'eau qui
paraît être leur élément particulier. Ce sont là les deux extrémités de la chaîne que nous avons raison de considérer
d'abord avant de vouloir saisir ces milieux qui tous s'éloignent
plus ou moins, en participant inégalement de la nature de ces
extrémités, sur lesquels milieux nous ne pourrions, en effet,
jeter que des regards incertains si nous ne connaissons pas les
limites de la nature par la considération attentive des points
où elles sont placées.

Pour donner à cette vue métaphysique toute son étendue et
en réaliser les idées par de justes applications, nous aurions
dû, après avoir donné l'histoire des animaux quadrupèdes,

commencer celle des oiseaux par ceux dont la nature approche
le plus de celle de ces animaux.

L'autruche, qui tient d'une part au chameau par la forme

Casoar.

de ses jambes, et au porc-épic par les tuyaux si piquants dont
ses ailes sont armées, devrait donc suivre les quadrupèdes ;
mais la philosophie est souvent obligée d'avoir l'air de céder
aux opinions populaires, et le peuple des naturalistes, qui

est fort nombreux et qui souffre impatiemment qu'on dérange ses méthodes, n'aurait regardé cette disposition que comme une nouveauté déplacée, produite par l'envie de contredire ou le désir de faire autrement que les autres.

Cependant on verra qu'indépendamment des deux rapports extérieurs dont je viens de parler, indépendamment de l'attribut de sa grandeur, qui seul suffirait pour faire placer l'autruche à la tête de tous les oiseaux, elle a encore beaucoup

Porc-épic.

d'autres conformités par l'organisation intérieure avec les autres animaux quadrupèdes, et que, tenant presque autant à cet ordre qu'à celui des oiseaux, elle doit être donnée comme faisant la nuance entre l'un et l'autre.

Dans chacune de ces suites ou chaînes qui soutiennent un ordre entier de la nature vivante, les rameaux qui tendent vers d'autres ordres sont toujours assez courts et ne forment que de très petits genres.

Ainsi les oiseaux qui ne peuvent voler se réduisent à sept
ou huit espèces, les quadrupèdes qui volent à cinq ou six : et il
en est de même de toutes les autres branches qui s'échappent
de leur ordre ou du faisceau principal ; elles y tiennent toujours par le plus grand nombre de conformités, de ressem-
blances, d'analogies, et n'ont que quelques rapports et quelques convenances avec les autres ordres ; ce sont, pour
ainsi dire, des traits fugitifs que la nature paraît n'avoir tracés
que pour nous indiquer toute l'étendue de sa puissance et faire
sentir à l'homme qu'elle ne peut être contrainte par les
entraves de nos méthodes, ni renfermée dans les bornes étroites
du cercle de nos idées.

Martinet.

L'AUTRUCHE

'AUTRUCHE est un oiseau très anciennement connu, puisqu'il en est fait mention dans les plus
anciens livres : il fallait même qu'il fût très connu,
car il fournit aux écrivains sacrés plusieurs com-
paraisons tirées de ses mœurs et de ses habitudes ; et
plus anciennement encore, sa chair était, selon toute
apparence, une viande commune, au moins parmi le peuple,
puisque le législateur des Juifs la leur interdit comme une
nourriture immonde ; enfin il en est question dans Hérodote,
le plus ancien des historiens profanes, et dans les écrits des
premiers philosophes qui ont traité des choses naturelles.

En effet, comment cet animal, si considérable par sa grandeur, si remarquable par sa force, si étonnant par sa fécon-
dité, attaché d'ailleurs par sa nature à un certain climat, qui
est l'Afrique et une partie de l'Asie, aurait-il pu demeurer
inconnu dans des pays si anciennement peuplés, où il se
trouve, à la vérité, des déserts, mais où il ne s'en trouve point
que l'homme n'ait pénétrés et parcourus.

La race de l'autruche est donc une race très ancienne,
puisqu'elle remonte jusqu'aux premiers temps ; mais elle n'est
pas moins pure qu'elle est ancienne ; elle a su se conserver,
pendant cette longue suite de siècles, et toujours dans la
même terre, sans altération comme sans mésalliance, en sorte
qu'elle est dans les oiseaux, comme l'éléphant dans les quadrupèdes, une espèce entièrement isolée et distinguée de toutes

Autruche au Jardin des Plantes.

les autres espèces par des caractères aussi frappants qu'inva-
riables.

L'autruche passe pour être le plus grand des oiseaux ; mais
elle est privée, par sa grandeur même, de la principale préro-
gative des oiseaux, je veux dire la puissance de voler.

L'une de celles sur lesquelles Vallisniéri a fait ses observations, pesait, quoique très maigre, cinquante-cinq livres
tout écorchée et vidée de ses parties intérieures ; en sorte que,
passant vingt à vingt-cinq livres pour ces parties et pour la
graisse qui lui manquait, on peut sans rien outrer fixer le
poids moyen d'une autruche vivante et médiocrement grasse
à soixante et quinze ou quatre-vingts livres : or quelle force
ne faudrait-il pas dans les ailes, et dans les muscles moteurs
de ces ailes, pour soulever et soutenir au milieu des airs une
masse aussi pesante ?

Les forces de la nature paraissent infinies lorsqu'on les con-
temple en gros et d'une vue générale ; mais, lorsqu'on les considère de près et en détail, on trouve que tout est limité ; et
c'est à bien saisir les limites que s'est prescrites la nature,
par sagesse et non par impuissance, que consiste la bonne méthode d'étudier et ses ouvrages et ses opérations. Ici un poids
de soixante et quinze livres est supérieur, par sa seule résistance, à tous les moyens que la nature sait employer pour
élever et faire voguer dans le fluide de l'atmosphère des corps
dont la gravité spécifique est un millier de fois plus grande que
celle de ce fluide, et c'est par cette raison qu'aucun des oiseaux, dont la masse approche de celle de l'autruche, tels
que le touyou, le casoar, le dronte, n'ont ni ne peuvent
avoir la faculté de voler.

Il est vrai que la pesanteur n'est pas le seul obstacle qui
s'y oppose ; la force des muscles pectoraux, la grandeur des
côtes, leur situation avantageuse, la fermeté de leurs pennes
seraient ici des conditions d'autant plus nécessaires que la résistance à vaincre est plus grande : or, toutes ces conditions

leur manquent absolument; car, pour me renfermer dans ce
qui regarde l'autruche, cet oiseau, à vrai dire, n'a point
d'ailes, puisque les plumes qui sortent de ses ailerons sont
toutes effilées, décomposées, et que leurs barbes sont de longues soies détachées les unes des autres et ne pouvant faire
corps ensemble pour frapper l'air avec avantage, ce qui est
la principale fonction des pennes de l'aile; celles de la queue
sont aussi de la même structure et ne peuvent par conséquent
opposer à l'air une résistance convenable; elles ne sont même
pas disposées pour pouvoir gouverner le vol en s'étalant ou
en prenant différentes inclinaisons; et ce qu'il y a de remarquable, c'est que toutes les plumes qui recouvrent le corps
sont encore faites de même. L'autruche n'a pas, comme les
autres oiseaux, des plumes de plusieurs sortes; les unes la-
nugineuses et duvetées, qui sont immédiatement sur la peau,
les autres d'une consistance plus ferme et plus serrée qui recouvrent les premières, et d'autres, encore plus fortes et plus
longues, qui servent au mouvement et répondent à ce qu'on
appelle les *œuvres vives* dans un vaisseau; toutes les plumes
de l'autruche sont de la même espèce, toutes ont pour barbe
des filets détachés, sans consistance, sans adhérence réci-
proque; en un mot, toutes sont inutiles pour le vol. Ainsi
l'autruche est attachée à la terre par une double chaîne : son
excessive pesanteur et la conformation de ses ailes; et elle est
condamnée à en parcourir laborieusement la surface comme
les quadrupèdes, sans pouvoir jamais s'élever en l'air; aussi
a-t-elle, soit au dedans, soit au dehors, beaucoup de traits de
ressemblance avec ces animaux; comme eux, elle a sur la plus
grande partie du corps du poil plutôt que des plumes; sa tête
et ses flancs n'ont même que peu ou point de poil, non plus
que ses cuisses qui sont très grosses, très musculeuses et où
réside sa principale force; ses grands pieds nerveux et charnus, qui n'ont que deux doigts, ont beaucoup de rapport avec
les pieds du chameau qui lui-même est un animal singulier

entre les quadrupèdes par la forme de ses pieds ; ses ailes,
armées de deux piquants semblables à ceux du porc-épic, sont
moins des ailes que des espèces de bras, qui lui ont été données pour se défendre ; l'orifice des oreilles est à découvert
et seulement garni de poil dans la partie intérieure où est le
canal auditif ; sa paupière supérieure est mobile comme dans
presque tous les quadrupèdes, et bordée de longs cils comme
dans l'homme et l'éléphant ; la forme totale de ses yeux a plus
de rapports avec les yeux humains qu'avec ceux des oiseaux,

Dromadaires.

et ils sont disposés de manière qu'ils peuvent voir tous deux
à la fois le même objet ; enfin les espaces calleux et dénués de
plumes et de poils qu'elle a, comme le chameau, au bas du
sternum et à l'endroit des os pubis, en déposant de sa grande
pesanteur, la mettent de niveau avec les bêtes de somme les
plus terrestres, les plus lourdes par elles-mêmes et qu'on a
coutume de surcharger des plus rudes fardeaux.

Thévenot était si frappé de la ressemblance de l'autruche
avec le chameau dromadaire qu'il a cru lui avoir vu une bosse
sur le dos, mais il s'est trompé ; quoiqu'elle ait le dos arqué,

on n'y trouve rien de cette éminence charnue des chameaux
et des dromadaires (1).

Si de l'examen de la forme extérieure nous passons à celui
de la conformation interne, nous trouverons à l'autruche de
nouvelles dissemblances avec les oiseaux et de nouveaux rapports avec les quadrupèdes.

Une tête fort petite, aplatie et composée d'os très tendres
et très faibles, mais fortifiée à son sommet par une plaque de
corne, est soutenue dans une situation horizontale par une
colonne osseuse d'environ trois pieds de haut et composée de
dix-sept vertèbres : la situation ordinaire du corps est aussi
parallèle à l'horizon ; le dos a deux pieds de long et sept vertèbres auxquelles s'articulent sept paires de côtes, dont deux
de fausses et cinq de vraies ; ces dernières sont doubles à
leur origine, puis se réunissent en une seule branche. La cla-
vicule est formée d'une troisième paire de fausses côtes ; les
cinq véritables vont s'attacher par des appendices cartilagi-
neux au sternum, qui ne descend pas, comme dans la plupart des oiseaux, jusqu'au bas du ventre : il est aussi beaucoup moins saillant au dehors ; sa forme a des rapports avec
celle d'un bouclier, et il a plus de largeur que dans l'homme
même. De l'os sacrum naît une espèce de queue composée de
sept vertèbres ; le fémur a un pied de long, le tibia et le torse
un pied et demi chacun, et chaque doigt est composé de trois
phalanges comme dans l'homme, et contrairement à ce qui se
voit ordinairement dans les doigts des oiseaux, lesquels ont
très rarement un nombre égal de phalanges.

Si nous pénétrons plus à l'intérieur et que nous observions
les organes de la digestion, nous verrons d'abord un bec assez

(1) Il faut que les rapports de ressemblance qu'a l'autruche avec le
chameau soient en effet bien frappants, puisque les Grecs modernes,
les Turcs, les Persans l'ont nommée, chacun dans leur langue, *oiseau-
chameau* ; son ancien nom grec, στρουθός, est la racine de tous les noms,
sans exception, qu'elle a dans les différentes langues de l'Europe : en
latin *struthio*, en espagnol *avestruz*, en italien *struzzo,* en allemand *struss*
ou *strauss*, en anglais *ostrich*.

médiocre capable d'une très grande ouverture, une langue fort
courte et sans aucun vestige de papilles ; plus loin s'ouvre un
ample pharynx proportionné à l'ouverture du bec et qui peut
admettre un corps de la grosseur du poing. L'œsophage est
aussi très large et très fort et aboutit au premier ventricule
qui fait ici trois fonctions : celle du jabot, parce qu'il est le
premier ; celle du ventricule, parce qu'il est en partie musculeux et en partie muni de fibres musculeuses, longitudi-
nales et circulaires ; enfin celle du bulbe glanduleux qui se
trouve ordinairement dans la partie la plus inférieure de
l'œsophage, la plus voisine du gésier, puisqu'il est, en effet,
garni d'un grand nombre de glandes, et ces glandes sont con-
glomérées et non conglobées comme dans la plupart des oiseaux. Ce premier ventricule est situé plus bas que le second,
en sorte que l'entrée de celui-ci, que l'on nomme communément l'orifice supérieur, est réellement l'orifice inférieur par
sa situation. Ce second ventricule n'est souvent distingué du
premier que par un léger étranglement, et quelquefois il est
séparé lui-même des deux cavités distinctes par un étranglement semblable, mais qui ne paraît point au dehors ; il est
parsemé de glandes et revêtu au dedans d'une tunique villeuse
presque semblable à de la flanelle, sans beaucoup d'adhérence, et piquée d'une infinité de petits trous répondant aux
orifices des glandes ; il n'est pas aussi fort que le sont communément les gésiers des oiseaux, mais il est fortifié par
dehors de muscles très puissants, dont quelques-uns sont
épais de trois pouces ; sa forme extérieure approche beaucoup
de celle du ventricule de l'homme....

« A la suite de développements sur les organes de la digestion, que nous n'avons pas à reproduire et qui montrent tous
une ressemblance des plus marquées avec ceux des quadrupèdes
qu'avec ceux des oiseaux, Buffon, passant aux organes de la
circulation, fait observer que le cœur de l'autruche est presque
rond, au lieu que les oiseaux l'ont ordinairement plus allongé. »

A l'égard des sens externes, continue-t-il, j'ai déjà parlé de
la langue, des oreilles et de la forme extérieure de l'œil.
Les narines sont dans le bec supérieur, non loin de sa base ;
il s'élève de même de chacune des deux ouvertures une pro-
tubérance cartilagineuse revêtue d'une membrane très fine, et
ces ouvertures communiquent avec le palais par deux conduits
qui y aboutissent dans une fente assez considérable.

On se tromperait si l'on voulait conclure de la structure
un peu compliquée de cet organe, que l'autruche excelle par
le sens de l'odorat; les faits les mieux constatés nous appren-
dront bientôt tout le contraire, et il paraît, en général, que
les sensations principales et dominantes sont celles de la
vue.

Cet exposé succinct de l'organisation intérieure de l'autruche
est plus que suffisant pour confirmer l'idée que j'ai donnée
d'abord de cet animal singulier, qui doit être regardé comme
un être de nature équivoque et faisant la nuance entre le quadrupède et l'oiseau; sa place dans une méthode, où l'on se
proposerait de représenter le vrai système de la nature, ne
serait ni dans la classe des oiseaux ni dans celle des quadrupèdes, mais sur le passage de l'une à l'autre.

En effet, quel autre rang assigner à un animal dont le corps,
mi-partie d'oiseau et de quadrupède, est porté sur des pieds
de quadrupède et surmonté par une tête d'oiseau, qui a un
gésier comme les oiseaux, et en même temps plusieurs estomacs et des intestins qui, par leur capacité et leur structure,
répondent en partie à ceux des ruminants, en partie à ceux
d'autres quadrupèdes.

L'autruche est très féconde; le temps de la ponte dépend
du climat qu'elle habite, et c'est toujours aux environs du
solstice d'été, c'est-à-dire au commencement de juillet dans
l'Afrique septentrionale, et sur la fin de décembre dans l'A-
frique méridionale.

La température du climat influe aussi beaucoup sur leur

manière de couver. Dans la zone torride, elles se contentent de déposer leurs œufs sur un amas de sable qu'elles ont formé grossièrement avec leurs pieds et où la seule chaleur du soleil les fait éclore ; à peine les couvent-elles pendant la nuit ; et cela même n'est pas toujours nécessaire, puisque on en a vu éclore qui n'avaient point été couvés par la mère ni même exposés aux rayons du soleil (1).

Mais quoique les autruches ne couvent que très peu leurs œufs, il s'en faut bien qu'elles les abandonnent ; au contraire, elles veillent assidûment à leur conservation et ne les perdent guère de vue. C'est de là qu'on a pris occasion de dire qu'elles les couvent des yeux, à la lettre. Diodore rapporte une façon de prendre ces animaux, fondée sur leur grand attachement pour leur couvée ; c'est de planter en terre aux environs du nid et à une juste hauteur des pieux armés de pointes bien acérées, dans lesquelles la mère s'enferre elle-même lorsqu'elle revient avec empressement se poser sur ses œufs.

Quoique le climat de la France soit beaucoup moins chaud que celui de la Barbarie, on a vu des autruches pondre à la ménagerie de Versailles ; mais on tenta inutilement de faire éclore ces œufs par une incubation artificielle, soit en employant la chaleur du soleil ou celle d'un feu gradué et ménagé avec art ; on ne put jamais découvrir ni dans les uns ni dans les autres aucune organisation commencée ; le jaune et le blanc de celui qui avait été exposé au feu s'étaient un peu épaissis, celui qui avait été exposé au soleil avait contracté une très mauvaise odeur. Cette incubation n'eut donc aucun succès : M. de Réaumur n'existait pas encore (2).

(1) Jeannequin, étant au Sénégal, mit dans sa cassette deux œufs d'autruche enveloppés dans de l'étoupe ; quelque temps après, il trouva que l'un de ces œufs était près d'éclore.

(2) On sait que Réaumur fut le premier qui réussit à découvrir et à appliquer le procédé d'incubation artificielle, dont l'Inde, ou plutôt une tribu de l'Inde, possédait seule le secret. (Voir le volume de la même collection, intitulé *Réaumur et ses travaux*.)

Ces œufs sont très durs, très pesants et très gros ; mais on se les représente quelquefois encore plus gros qu'ils ne sont en effet, en prenant des œufs de crocodiles pour des œufs d'autruches.

Il me paraît donc qu'il y a une réduction considérable à faire tant sur le poids des œufs que sur leur nombre, et il est fâcheux qu'on n'ait pas de mémoires assez sûrs pour déterminer avec justesse la quantité de cette réduction ; on pourrait, en attendant, fixer le nombre des œufs, d'après Aristote, à vingt-cinq ou trente, et d'après les modernes qui ont parlé le plus sagement, à trente-six ; en admettant deux ou trois couvées et douze œufs par couvée, on pourrait encore déterminer le poids de chaque œuf à trois ou quatre livres, en passant une livre plus ou moins pour la coque et deux ou trois livres pour la partie de jaune et de blanc qu'elle contient ; mais il y a bien loin de cette fixation conjecturale à une observation précise.

Beaucoup de gens écrivent ; mais il en est peu qui pèsent, qui mesurent, qui comparent. De quinze ou seize autruches dont on a fait la dissection en différents pays, il n'y en a qu'une seule qui ait été pesée, et c'est celle dont nous devons la description à Vallisniéri. On ne sait pas mieux le temps qui est nécessaire pour l'incubation des œufs ; tout ce qu'on sait ou plutôt tout ce qu'on assure, c'est qu'aussitôt que les jeunes autruches sont écloses, elles sont en état de marcher et même de courir et de chercher leur nourriture ; en sorte que dans la zone torride où elles trouvent le degré de chaleur qui leur convient et la nourriture qui leur est propre, elles sont émancipées en naissant et sont abandonnées de leur mère dont les soins leur sont inutiles ; mais dans les pays moins chauds, par exemple au Cap de Bonne-Espérance, la mère veille sur ses petits tant que ses secours leur sont nécessaires, et partout les soins sont proportionnés aux besoins.

Les jeunes autruches sont d'un gris cendré la première

année, et ont des plumes partout ; mais ce sont des fausses
plumes qui tombent bientôt d'elles-mêmes pour ne plus revenir sur les parties qui doivent être nues. Elles sont remplacées
sur le reste du corps par des plumes alternativement noires et
blanches, et quelquefois grises par le mélange de ces deux
couleurs fondues ensemble ; les plus courtes sont sur la partie
inférieure du cou, la seule qui en soit revêtue ; elles de-

Autruche et ses petits.

viennent plus longues sur le ventre et sur le dos ; les plus
longues de toutes sont à l'extrémité de la queue et des ailes,
et ce sont les plus recherchées.

.... Les autruches vivent principalement de matières végé-
tales ; elles ont le gésier muni de muscles très forts comme
tous les granivores, et elles avalent fort souvent du fer, du
cuivre, des pierres, du verre, du bois.... Elles avalent tout
ce qu'elles trouvent jusqu'à ce que leurs grands estomacs

soient entièrement pleins, et le besoin de le lester par un poids suffisant de matières paraît être une des principales causes de leur voracité.

Dans les sujets disséqués par Warem et par Ramby, les ventricules étaient tellement remplis et distendus que la première idée qui vint à ces anatomistes fut de douter que ces animaux eussent jamais pu digérer une telle surcharge de nourriture. Ramby ajoute que les matières contenues dans ces ventricules paraissaient n'avoir subi qu'une légère altération.

Vallisniéri trouva aussi le premier ventricule entièrement plein d'herbes, de légumes, de noix, de cordes, de pierres, de verre, de cuivre jaune et rouge, de fer, d'étain, de plomb et de bois ; il y en avait entre autres un morceau, et c'était le dernier avalé, puisqu'il était tout au-dessus, qui ne pesait pas moins d'une livre. Messieurs de l'Académie assurent que les ventricules des huit autruches qu'ils ont observées, se sont toujours trouvées remplies de foin, d'herbes, d'orge, de fèves, d'os, de monnaies, de cuivre et de cailloux, dont quelques-uns avaient la grosseur d'un œuf. L'autruche entasse donc les matières dans ses estomacs à raison de leur capacité et par la nécessité de les remplir, et comme elle digère avec facilité et promptitude, il est aisé de comprendre pourquoi elle est insatiable.

Mais quelque insatiable qu'elle soit, on me demandera toujours non pas pourquoi elle consomme tant de nourriture, mais pourquoi elle avale des matières qui ne peuvent point la nourrir et qui peuvent même lui faire beaucoup de mal : je répondrai que c'est parce qu'elle est privée du sens du goût, et cela est d'autant plus vraisemblable que sa langue, étant bien observée par d'habiles anatomistes, leur a paru dépourvue de toutes ces papilles sensibles et nerveuses dans lesquelles on croit, avec assez de fondement, que réside la sensation du goût ; je croirais même qu'elle aurait le sens de l'odorat fort obtus, car ce sens est celui qui sert le plus aux

animaux pour le discernement de leur nourriture, et l'autruche a si peu de discernement qu'elle avale même le cuivre
qui a une si mauvaise odeur, et que Vallisniéri en a vu une
qui était morte pour avoir dévoré une grande quantité de
chaux vive.

Les gallinacés et autres granivores, qui n'ont pas les organes
du goût fort sensibles, avalent bien de petites pierres qu'ils
prennent apparemment pour de petits grains, lorsqu'elles
sont mêlées ensemble; mais si on leur présente pour toute
nourriture un nombre connu de ces petites pierres, ils mour-
ront de faim sans en avaler une seule; à plus forte raison ne
toucheraient-ils point à la chaux vive, et l'on peut conclure de
là, ce me semble, que l'autruche est un des oiseaux dont les
sens du goût, de l'odorat et même celui du toucher dans les
parties internes de la bouche sont les plus émoussés et les
plus obtus; en quoi il faut convenir qu'elle s'éloigne beaucoup
de la nature des quadrupèdes.

Mais enfin que deviennent ces substances dures, réfrac-
taires et nuisibles que l'autruche avale sans choix et dans la
seule intention de se remplir? que deviennent surtout le cuivre,
le verre, le fer? Sur cela les avis sont partagés, et chacun cite
des faits à l'appui de son opinion. M. Perrault, ayant trouvé
soixante-six doubles (1) dans l'estomac d'un de ces animaux,
remarqua qu'ils étaient la plupart usés et consumés presque
aux trois quarts; mais il jugea que c'était plutôt par leur
frottement mutuel et celui des cailloux que par l'action d'aucun acide, vu que quelques-uns de ces doubles, qui étaient
bossués, se trouvèrent fort usés du côté convexe qui était le
plus exposé au frottement, et nullement endommagés du côté
concave. D'où il conclut que, dans ces oiseaux, la dissolution
de la nourriture ne se fait pas seulement par des esprits sub-
tils et pénétrants, mais encore par l'action organique du ventricule qui comprime et bat incessamment les aliments avec

(1) Ancienne monnaie de cuivre.

les corps durs que ces mêmes animaux ont l'instinct d'avaler ;
et comme toutes les matières contenues dans cet estomac
étaient teintes en vert, il en conclut encore que la dissolution
du cuivre s'y était faite non par un dissolvant particulier et
par voie de digestion, mais de la même manière qu'elle se
ferait si l'on broyait ce métal avec des herbes ou avec quelque
liqueur acide ou salée. Il ajoute que le cuivre, bien loin de
se tourner en nourriture dans l'estomac de l'autruche, y agissait au contraire comme poison, et que celles qui en avalaient
beaucoup mouraient bientôt après.

Vallisniéri pense au contraire que l'autruche digère ou dis-
sout les corps durs principalement par l'action du dissolvant
de l'estomac, sans exclure celle des chocs et des frottements
qui peuvent aider à cette action principale. Voici ses preuves :

1° Les morceaux de bois, de fer ou de verre qui ont sé-
journé quelque temps dans les ventricules de l'autruche ne
sont point lisses et luisants comme ils devraient l'être, s'ils
eussent été usés par le frottement ; mais ils sont raboteux,
sillonnés, criblés, comme ils doivent l'être en supposant qu'ils
aient été rongés par un dissolvant actif.

2° Ce dissolvant réduit les corps les plus durs, de même que
les herbes, les graines et les os, en molécules impalpables
qu'on peut apercevoir au microscope et même à l'œil nu.

3° Il a trouvé dans un estomac d'autruche un clou implanté
dans une de ses parois et qui traversait cet estomac, de façon
que les parois opposées ne pouvaient s'approcher, ni par conséquent comprimer les matières contenues autant qu'elles le
sont d'ordinaire ; cependant les aliments étaient aussi bien
dissous dans ce ventricule que dans un autre qui n'était tra-
versé d'aucun clou ; ce qui prouve au moins que la digestion
ne se fait pas dans l'autruche uniquement par trituration.

4° Il a vu une pièce de monnaie rongée si profondément
qu'elle ne pesait plus que trois grains.

5° Les glandes du premier estomac donnent, étant pressées, une liqueur visqueuse, jaunâtre, limpide et qui néanmoins imprime très promptement sur le fer une tache obscure.

6° Enfin l'activité de ces sucs, la force des muscles du gésier et la couleur noire qui teint les excréments des autruches qui ont avalé du fer, comme elle teint ceux des personnes qui font usage des martiaux et les digèrent bien, venant à l'appui des faits précédents, autorisent Vallisniéri à conjecturer non pas tout à fait que les autruches digèrent le fer et s'en nourrissent comme divers insectes et reptiles se nourrissent de terre et de pierres, mais que les pierres, les métaux et surtout le fer, dissous par le suc des glandes, servent à tempérer, comme absorbants, les ferments trop actifs de l'estomac ; qu'ils peuvent se mêler à la nourriture comme éléments utiles, l'assaisonner, augmenter la force des solides, et d'autant plus que le fer entre, comme on sait, dans la composition des êtres vivants, et que, lorsqu'il est suffisamment atténué par des acides convenables, il se volatilise et acquiert une tendance à végéter, pour ainsi dire, et à prendre des formes analogues à celles des plantes, comme on le voit dans l'arbre de mars, et c'est, en effet, le seul sens raisonnable dans lequel on puisse dire que l'autruche digère le fer ; et quand elle aurait l'estomac assez fort pour le digérer véritablement, ce n'est que par une erreur bien ridicule qu'on aurait pu attribuer à ce gésier, comme on l'a fait, la qualité d'un remède et la vertu d'aider la digestion, puisqu'on ne peut nier qu'il ne soit par lui-même un morceau tout à fait indigeste ; mais telle est la nature de l'esprit humain, lorsqu'il est une fois frappé de quelque objet rare et singulier, il se plaît à le rendre plus singulier encore en lui attribuant des propriétés chimériques et souvent absurdes.

C'est ainsi qu'on a également prétendu que les pierres les plus transparentes qu'on trouve dans les ventricules de l'autruche avaient aussi la vertu, étant portées au cou, de faire faire de

bonnes digestions; que la tunique inférieure de son gésier
avait celle de ranimer un tempérament affaibli; son foie, celle
de guérir le mal caduc; son sang, celle de rétablir la vue ;
la coque de ses œufs réduite en poudre, celle de soulager
les douleurs de la goutte et de la gravelle, etc. Vallisniéri a
eu occasion de constater par ses expériences la fausseté de
la plupart de ces prétendues vertus, et ses expériences sont
d'autant plus décisives, qu'il les a faites sur les personnes
les plus crédules et les plus prévenues.

L'autruche est un oiseau propre et particulier à l'Afrique,
aux îles voisines de ce continent et à la partie de l'Asie qui
confine à l'Afrique.

Ces régions, qui sont le pays natal du chameau, du rhinocéros, de l'éléphant et de plusieurs autres grands animaux,
devaient être aussi la partie de l'autruche qui est l'éléphant
des oiseaux. Elles sont très nombreuses dans les montagnes
situées au sud-ouest d'Alexandrie. Un missionnaire dit qu'on
en trouve à Goa, mais beaucoup moins qu'en Arabie. Philostrate
prétend même qu'Appolonius en rencontra jusqu'au delà du
Gange; mais c'était sans doute dans un temps où ce pays était
moins peuplé qu'aujourd'hui. Les voyageurs modernes n'en ont
point aperçu dans ce même pays, sinon celles qu'on y avait
amenées d'ailleurs, et tous conviennent qu'elles ne s'écartent
guère au delà du trente-cinquième degré de latitude, de part
et d'autre de la ligne.

Comme l'autruche ne vole point, elle est dans le cas de
tous les quadrupèdes des parties méridionales de l'ancien continent, c'est-à-dire qu'elle n'a pu passer dans le nouveau;
aussi n'en a-t-on point trouvé en Amérique, quoiqu'on ait
donné son nom au touyou qui lui ressemble, en effet, en ce
qu'il ne vole point et par quelques autres rapports, mais qui
est d'une espèce différente.

Par la même raison on ne l'a jamais rencontrée en Europe
où elle aurait pu cependant trouver un climat propre à sa na-

ture, dans la Morée et au midi de l'Espagne et de l'Italie ;
mais pour se rendre dans ces contrées, il aurait fallu ou fran-
chir les mers qui l'en séparaient, ce qui lui eût été impossible,
ou faire le tour de ces mers et remonter jusqu'au cinquan-
tième degré de latitude pour revenir par le nord en traversant
des régions très peuplées, nouvel obstacle d'ailleurs insur-
montable à la migration d'un animal qui ne se plait que dans
les pays chauds et les déserts.

Chameau.

Les autruches habitent, en effet, par préférence les lieux les
plus solitaires et les plus arides, ceux où il ne pleut presque
jamais, ceux où l'homme assez hardi pour s'y aventurer a
pour premier et principal ennemi la soif, et cela confirme ce
que disent les Arabes qu'elles ne boivent point.

Elles se réunissent, dans ces déserts, en troupes nombreuses
qui, de loin, ressemblent à des escadrons de cavalerie et ont
jeté l'alarme dans plus d'une caravane. Leur vie doit être un
peu rude dans ces solitudes vastes et stériles, mais elles y

trouvent la liberté et l'indépendance, et quel désert à ce prix ne serait un lieu de délices!

C'est pour jouir au sein de la nature de ces biens inestimables qu'elles fuient l'homme qui, sachant le profit qu'il en peut tirer, les va chercher dans leurs retraites les plus sauvages; il se nourrit de leurs œufs, de leur sang, de leur graisse, de leur chair; il se pare de leurs plumes; il conserve peut-être l'espérance de les subjuguer tout à fait et de les mettre au nombre de ses esclaves. L'autruche promet trop d'avantages à l'homme pour être en sûreté dans ses déserts (1).

Des peuples entiers ont mérité le nom de *struthophages*, par l'usage où ils étaient de manger de l'autruche, et ces peuples étaient voisins des éléphanthophages qui ne faisaient pas meilleure chère. Apicius prisait avec grande raison une sauce un peu vive pour cette viande; ce qui prouve au moins qu'elle était en usage chez les Romains, mais nous en avons d'autres preuves.

L'empereur Héliogabale fit un jour servir la cervelle de six cents autruches dans un seul repas. Cet empereur avait, comme on sait, la fantaisie de ne manger chaque jour que d'une seule viande, comme faisans, poulets, cochons, et l'autruche était du nombre, mais apprêtée sans doute à la manière d'Apicius.

Encore aujourd'hui les habitants de la Lybie, de la Numidie, etc., en nourrissent de privées dont ils mangent la chair et vendent les plumes; cependant ni les chiens, ni les chats ne voulurent pas même sentir la chair d'une autruche que Vallisniéri avait disséquée, quoique cette chair fût encore fraîche et vermeille; à la vérité, l'autruche était d'une grande maigreur, de plus elle pouvait être vieille, et Léon l'Africain, qui en avait goûté sur les lieux, nous apprend qu'on ne mangeait guère que les jeunes, même après les avoir engraissées.

(1) Voir l'article ci-après : *Le fermage des autruches.*

Lorsque les Arabes ont tué une autruche, ils lui ouvrent la gorge, font une ligature au-dessus du trou, et la prenant ensuite à trois ou quatre, ils la remuent et la ressassent, comme on ressasserait une outre pour la rincer ; après quoi, la ligature étant déliée, il sort par le trou une quantité considérable de mantèque, ou consistance d'huile figée ; on en tire quelquefois jusqu'à vingt livres d'une seule autruche. Cette mantèque n'est pas autre chose que le sang de l'animal mêlé, sinon avec sa chair, du moins avec cette graisse qui, dans les autruches grasses, forme une couche épaisse de plusieurs pouces sur les intestins. Les habitants du pays prétendent que la mantèque est un très bon manger, mais qu'elle donne le cours de ventre.

Les Éthiopiens écorchent les autruches et vendent leurs peaux aux marchands d'Alexandrie, dont elles constituent, avec les dents d'éléphants, une des principales branches de commerce ; le cuir en est très épais, et les Arabes s'en faisaient autrefois des espèces de soubrevestes qui leur tenaient lieu de cuirasse et de bouclier.

Belon a vu une grande quantité de ces peaux toutes emplumées dans les boutiques d'Alexandrie ; les longues plumes blanches de la queue et des ailes ont été recherchées dans tous les temps. Les anciens les employaient comme ornement et comme distinction militaire, et elles avaient succédé au plumage du cygne ; car les oiseaux ont toujours été en possession de fournir aux peuples policés, comme aux peuples sauvages, une partie de leur parure.

Aldrovande nous apprend qu'on voit encore à Rome deux statues anciennes, l'une de Minerve et l'autre de Pyrrhus, dont le casque est orné de plumes d'autruche. C'est apparemment de ces mêmes plumes qu'était composé le panache des soldats romains dont parle Polybe et qui consistait en trois plumes noires ou rouges d'environ une coudée de haut. C'est précisément la longueur des grandes plumes d'autruche.

En Turquie, un janissaire qui s'est distingué par quelques
faits d'armes a le droit d'en décorer son turban, et la sultane,
dans le sérail, les admet avec complaisance dans sa parure.
Au royaume de Congo, on mêle ces plumes avec celles du
paon pour en faire des insignes de guerre, et les dames d'Angleterre et d'Italie s'en font des espèces d'éventails. On sait
assez quelle prodigieuse consommation il s'en fait en Europe
pour les chapeaux, les casques, les habillements de théâtre,
les ameublements, les dais, les cérémonies funèbres et les
parures des femmes ; et il faut avouer qu'elles font un bon
effet, soit par leurs couleurs naturelles ou artificielles, soit
par leur mouvement doux et ondoyant ; mais il est bon de
savoir que les plumes dont on fait le plus de cas sont celles qui
s'arrachent à l'animal vivant, et on les reconnaît en ce que leur
tuyau, étant pressé dans les doigts, donne un suc sanguino-
lent ; celles, au contraire, qui ont été arrachées après la mort,
sont sèches et fort sujettes aux vers.

Les autruches, quoique habitantes du désert, ne sont
pas aussi sauvages qu'on l'imaginerait ; tous les voyageurs
s'accordent à dire qu'elles s'apprivoisent facilement, surtout
lorsqu'elles sont jeunes. Les habitants de Dara, ceux de
Libye, etc., en nourrissent des troupeaux dont ils tirent sans
doute ces plumes de première qualité qui ne se prennent que
sur les autruches vivantes. Elles s'apprivoisent même sans
qu'on y mette de soin et par la seule habitude de voir des
hommes et d'en recevoir la nourriture et de bons traitements.
Bruc, en ayant acheté deux à Serinpate, sur la côte d'Afrique,
les trouva tout apprivoisées lorsqu'il arriva au fort Saint-
Louis.

On fait plus que d'en apprivoiser, on en a dompté quelques-
unes au point de les monter comme on monte un cheval, et ce
n'est pas une invention moderne ; car le tyran Firmus, qui
régnait en Egypte sur la fin du III° siècle, se faisait porter,
dit-on, par de grandes autruches ; Moore, Anglais, dit avoir vu

à Joar, en Afrique, un homme voyageant sur une autruche ; Vallisniéri parle d'un jeune homme qui s'était fait voir à Venise, monté sur une autruche et lui faisant faire des espèces de voltes devant le menu peuple. Enfin M. Adanson a vu, au comptoir de Podor, deux autruches encore jeunes, dont la plus

Autruche montée.

forte courait plus vite que le meilleur coureur anglais, quoiqu'elle eût deux nègres sur son dos (1).

Tout cela prouve que ces animaux, sans être absolument farouches, sont néanmoins d'une nature rétive, et que si on

(1) L'autruche, transformée en coursier, fonctionne, à la grande joie de nos babys, dans les cavalcades journalières du Jardin d'acclimatation, au milieu des éléphants, des poneys, etc.

peut les apprivoiser jusqu'à se laisser mener en troupeaux,
revenir au bercail, et même à souffrir qu'on les monte, il est
difficile et peut-être impossible de les réduire à obéir à la
main du cavalier, à sentir ses demandes, comprendre ses
volontés et s'y soumettre. Nous voyons, par la relation même
de M. Adanson, que l'autruche de Podor ne s'éloigna pas
beaucoup, mais qu'elle fit plusieurs fois le tour de la bourgade,
et qu'on ne put l'arrêter qu'en lui barrant le passage. Docile
à un certain point par stupidité, elle paraît intraitable par son
naturel, et il faut bien que cela soit pour que l'Arabe, qui a
dompté le cheval et subjugué le chameau, n'ait pu encore
maîtriser complètement l'autruche. Cependant jusque-là on ne
pourra tirer parti de sa vitesse et de sa force, car la force
d'un serviteur indocile se tourne précisément contre son
maître.

Du reste, quoique les autruches courent plus vite que le
cheval, c'est cependant avec le cheval qu'on les court et
qu'on les prend ; mais on voit bien qu'il y faut un peu d'industrie. Celle des Arabes consiste à les suivre à vue, sans
trop les presser, et surtout à les inquiéter assez pour les empêcher de prendre de la nourriture, mais point assez pour les
déterminer à s'échapper par une fuite prompte ; cela est d'autant plus facile qu'elles ne vont guère sur une ligne droite
et qu'elles décrivent presque toujours dans leur course un
cercle plus ou moins étendu. Les Arabes peuvent donc diriger
leur marche sur un cercle concentrique intérieur, par conséquent plus étroit, et les suivre toujours à une juste distance,
en faisant beaucoup moins de chemin qu'elles.

Lorsqu'ils les ont ainsi fatiguées et surtout affamées pendant
un ou deux jours, ils prennent leur moment, fondent sur
elles au grand galop en les menant contre le vent autant qu'il
est possible, et les tuent à coups de bâton pour que leur sang
ne gâte point le beau blanc de leurs plumes. On dit que lorsqu'elles se sentent forcées et hors d'état d'échapper aux chas-

seurs, elles cachent leur tête et croient qu'on ne les voit
plus ; mais il pourrait se faire que l'absurdité de cette invention retombât sur ceux qui ont voulu s'en rendre les interprètes, et qu'elles n'eussent d'autre but en se cachant la tête,
que de mettre en sûreté la partie qui est en même temps la
plus faible et la plus importante.

Les struthophages avaient une autre façon de prendre ces
animaux ; ils se couvraient d'une peau d'autruche ; passant le
bras dans le cou, ils lui faisaient faire tous les mouvements
que fait ordinairement l'autruche elle-même, et, par ce moyen,
ils pouvaient aisément les approcher et les surprendre. C'est
ainsi que les sauvages d'Amérique se déguisent en chevreuils
pour prendre les chevreuils.

On s'est encore servi de chiens et de filets pour cette
chasse ; mais il paraît qu'on la fait plus communément à cheval,
et cela seul suffit pour expliquer l'antipathie qu'on a cru
remarquer entre le cheval et l'autruche.

Lorsque celle-ci court, elle déploie ses ailes et les grandes
plumes de sa queue, non pas qu'elle en tire aucun secours
pour aller plus vite, mais par un effet très ordinaire de la
correspondance des muscles et de la manière qu'un homme
qui court agite ses bras, ou qu'un éléphant qui revient sur le
chasseur dresse et déploie ses grandes oreilles. La preuve
sans réplique que ce n'est point pour accélérer son mouvement
que l'autruche relève ainsi ses ailes, c'est qu'elle les relève
lors même qu'elle va contre le vent, quoique dans ce cas elles
ne puissent être qu'un obstacle.

La vitesse d'un animal n'est que l'effet de sa force employée
contre sa pesanteur ; et, comme l'autruche est en même temps
très pesante et très vite à la course, il s'en suit qu'elle doit
avoir beaucoup de forces. Cependant, malgré sa force, elle
conserve les mœurs des granivores ; elle n'attaque point les
animaux plus faibles ; rarement même se met-elle en défense
contre ceux qui l'attaquent ; bordée sur tout le corps d'un

cuir épais et dur, pourvue d'un large sternum qui lui tient lieu de cuirasse, munie d'une seconde cuirasse d'insensibilité, elle s'aperçoit à peine des petites atteintes du dehors, et elle sait se soustraire aux grands dangers par la rapidité de sa fuite ; si quelquefois elle se défend, c'est avec le bec, avec les piquants de ses ailes et surtout avec les pieds.

Thévenot en a vu une qui, d'un coup de pied, renversa un chien. Belon dit, dans son vieux langage, qu'elle pourrait ainsi *ruer par terre* un homme qui fuirait devant elle. Mais qu'elle jette en fuyant des pierres à ceux qui la poursuivent, j'en doute beaucoup. D'ailleurs ce fait avancé par Pline et répété par beaucoup d'autres, ne me paraît point avoir été confirmé par aucun moderne digne de foi, et l'on sait que Pline avait beaucoup plus de génie que de critique.

Léon l'Africain a dit que l'autruche était privée du sens de l'ouïe. Cependant nous avons vu plus haut qu'elle paraissait avoir tous les organes d'où dépendent les sensations de ce genre : l'ouverture des oreilles est même fort grande et n'est point ombragée par les plumes ; ainsi il est probable ou qu'elle n'est sourde qu'en certaines circonstances comme le tetras, ou qu'on a imputé quelquefois à la surdité ce qui n'était que l'effet de la stupidité.

Elle fait rarement entendre sa voix, que les écrivains sacrés comparent à un gémissement ; on prétend même que son nom hébreu, *jacnah*, est formé d'*Ianah*, qui signifie hurler.

Le docteur Browne dit que ce cri ressemble à la voix d'un enfant enroué et qu'il est plus triste encore. Comment donc avec cela ne paraîtrait-il pas terrible et même lugubre, selon l'expression de M. Sandys, à des voyageurs, qui ne s'enfoncent qu'avec inquiétude dans l'immensité de ces déserts et pour qui tout être animé, sans en excepter l'homme, est un objet à craindre et une rencontre dangereuse ?

DOMESTICATION DES ANIMAUX

'histoire de l'esprit humain nous montre en général les sciences et les arts se perfectionnant de siècle en siècle, et chaque génération humaine s'empressant d'ajouter par ses propres efforts aux résultats obtenus par les générations antérieures. Le plus souvent même, le mouvement du progrès non seulement se continue jusqu'à l'époque actuelle, mais va s'accélérant à mesure qu'on s'en rapproche.

Par une anomalie singulière et dont on ne trouverait peut-être pas à citer un second exemple, les efforts, les travaux faits en vue de la domestication des animaux nous offrent dans leur ensemble une marche exactement inverse.

Si, fermant pour un instant les œuvres de Buffon, nous demandons l'opinion de M. Isidore Geoffroy Saint-Hilaire, le maître par excellence en cette matière, il nous répondra :

« De ces temps primitifs dont la fable nous a conservé seule quelque vague souvenir, jusqu'à l'antiquité historique, et de celle-ci aux temps modernes, on voit décroître ces travaux, fort irrégulièrement sans doute, mais d'une manière toujours plus marquée jusqu'à ce qu'enfin le mouvement de plus en plus ralenti s'arrête presque complètement.

» Depuis l'époque où, de l'Amérique récemment découverte, furent importées en Europe trois espèces inégalement utiles, quelle conquête véritablement importante avons-nous faite sur la nature sauvage ? — Aucune.

» Vers le milieu du xviiie siècle, nos faisanderies et nos bassins de luxe se sont enrichis de quatre oiseaux apportés l'un de l'Amérique septentrionale, les autres de la Chine ; mais aux animaux auxiliaires ou alimentaires antérieurement nourris dans nos fermes et nos basses-cours, *pas un seul n'est venu s'ajouter depuis trois siècles.*

» L'histoire des travaux faits par les modernes se résume donc ainsi : au xve et au xvie siècle, importation d'espèces utiles ; au xviiie, importation d'espèces d'ornement; l'une, œuvre des Espagnols (1); l'autre, due surtout aux Anglais; puis cessation presque complète au moment même où, par le perfectionnement de la navigation, par la multiplicité des communications internationales, par l'établissement de colonies européennes dans toutes les parties du globe, les richesses naturelles du monde entier se trouvaient mises à notre disposition.

» Serait-ce que tout ce qui était réellement utile se trouvât dès lors réalisé?...

» .... Une telle supposition ne me paraît pas même mériter d'être discutée, et sans en démontrer la fausseté comme je l'avais fait ailleurs, comme l'avaient fait Buffon, Daubenton, Frédéric Cuvier, par l'énumération des nombreuses espèces dont la domestication offrirait d'incontestables avantages, je me bornerai à présenter ici une remarque générale :

» Sur trente-cinq espèces (2) que nous possédons en Europe

(1) De tous les peuples de l'Europe, ce sont les Espagnols qui ont fait le plus pour la domestication des animaux. On leur doit, dans les temps modernes, l'introduction de quatre espèces : le dindon, le canard musqué, le cabiai, venus des contrées chaudes d'Amérique; celle du serin des Canaries et une tentative faite sur une grande échelle à l'égard du lama, de l'alpaca et de la vigogne.

J'ajouterai que, dans l'antiquité, le lapin et le furet paraissent avoir été domestiqués en Espagne.

Quant au ver à soie, il est incontestable que l'Espagne nous a précédés de plusieurs siècles dans l'éducation de ce précieux insecte. C'est à elle que nous le devons, du moins partiellement. (*Note de l'auteur.*)

(2) Sur ces trente-cinq espèces, trente-trois se retrouvent chez presque

à l'état domestique, on trouve, en faisant leur répartition entre les diverses régions du globe, que trente et une sont originaires des contrées suivantes : Asie, et particulièrement Asie centrale ; Europe, Afrique septentrionale. Restent donc en tout *quatre*

espèces dans toutes les autres régions, c'est-à-dire pour les

tous les peuples européens : une, le buffle, existe en Italie et dans l'Europe orientale ; une autre, le renne, n'habite plus aujourd'hui que les régions arctiques. (*Note de l'auteur.*)

deux Amériques, l'Afrique centrale et méridionale, l'Australie
et la Polynésie.

» Une répartition aussi inégale est sans doute par elle-même
un fait bien significatif. Elle frappera bien plus encore si l'on
songe que, dans cette moitié du globe qui n'a pas été encore
ou n'a été qu'à peine exploitée sous ce point de vue, se
trouvent précisément les contrées les plus remarquables par
la spécialité de leurs types zoologiques : l'Amérique méridionale et l'Australie.

» Assurément, quand ces deux régions sont peuplées en si grand
nombre de mammifères, d'oiseaux, d'animaux de toute classe,
qui n'ont partout ailleurs que des représentants fort éloignés,
nul ne voudra supposer que nos ancêtres, qui ont tiré trente-
trois espèces de l'hémisphère boréal, aient assez obtenu de
l'hémisphère austral en naturalisant parmi nous le moindre de
nos mammifères domestiques, le cabiai, et le dernier de nos
oiseaux de basse-cour, le canard musqué.

» On peut au contraire affirmer, sans être taxé de trop de
témérité, que ce ne sont que d'humbles commencements, et
que les régions habitées par le lama, par la cigogne, par le
tapir et les boccos, par les kangaroos, le phascolome et les
casoars ; on peut affirmer, disons-nous, que ces régions nous
réservent dans l'avenir de plus riches présents.

» Je ne dirai donc pas : on n'a plus rien fait parce qu'il
n'y avait plus rien à faire ; mais, au contraire : moins on a fait
depuis trois siècles, plus nous avons à faire.... »

M. Isidore Geoffroy Saint-Hilaire ne s'est pas borné à
des paroles ; sans compter la création par ses soins du Jardin
d'acclimatation, resté sous sa direction et que nous aurons
à parcourir dans un prochain volume de cette collection,
c'est à lui qu'ont été dues les études, les expériences pa-
tiemment poursuivies, à partir de 1846, à la ménagerie du
Muséum d'histoire naturelle, « essais, disait-il en 1854, quelquefois heureux, » toujours instructifs, successivement étendus

à un assez grand nombre de mammifères et d'oiseaux. Parmi
eux, cinq espèces surtout méritent de fixer l'attention : deux
cerfs indiens, le lama, l'hémione et l'oie d'Egypte ont donné
des résultats satisfaisants.

Les deux premières de ces espèces ont fourni des exemples
d'acclimatation dans nos forêts d'animaux étrangers ; la troi-

Kanguroo.

sième, de l'acclimatation sur notre sol d'une espèce déjà
domestiquée en d'autres contrées ; les deux dernières, tout
à la fois de domestication et d'acclimatation d'espèces étran-
gères jusque-là restées sauvages.

« .... Dès 1765, Buffon songeait à enrichir nos Alpes et nos
Pyrénées du lama et de ses congénères : « J'imagine, disait-

» il, que ces animaux feraient une excellente acquisition pour
» l'Europe, et produiraient *plus de biens réels* que tout le
» métal du Nouveau-Monde.... »

» Buffon, de concert avec Daubenton, ne recommandait pas
moins la domestication du zèbre ; mais ces essais de domestication se sont un peu détournés de cet animal pour se reporter
sur le dauw fort semblable à lui, mais d'un climat moins chaud,
et surtout sur l'hémione, ce précieux congénère du cheval et
de l'âne dont l'acclimatation et la domestication sont en excellente voie.

Agami et oies.

» Un troisième animal — un oiseau — réclame ici, comme animal auxiliaire, une mention intéressante. Nous voulons parler
de l'*agami*, dont la place semble dès à présent marquée dans
nos demeures et dans nos fermes. Les services de l'agami
ont été depuis longtemps signalés. Daubenton et Bernardin
de Saint-Pierre nous disent « qu'il a l'instinct et la fidélité du
» chien ; qu'il conduit un troupeau de volailles et même un
» troupeau de moutons, dont il se fait obéir, quoiqu'il ne
» soit pas plus gros qu'une poule (1). »

(1) M. Isidore Geoffroy Saint-Hilaire ; *Acclimatation et domestication des animaux utiles.*

Nous nous laisserions entraîner trop loin , si nous entrions dans le détail de l'acclimatation des animaux, dont la chair apporterait un nouveau contingent à nos ressources alimentaires.

Hémione.

Nous ne citerons donc que le kanguroo dont les mœurs et les habitudes ne sont pas moins curieuses que la conformation physique.

Nous allons maintenant rendre la parole à Buffon, afin que,

par une de ses plus éloquentes pages, il nous fasse connaître les rapports qui existent entre l'homme et les animaux, et qu'il nous montre la puissance que le premier peut et doit exercer sur les seconds, au point de vue surtout de leur domestication. Mais auparavant, nous compléterons ce que nous venons de dire sur l'autruche et la domestication des animaux, par le tableau de ce qui se passe en Afrique et particulièrement en Algérie, touchant le *fermage* et l'incubation artificielle de cet intéressant animal. Il y a là pour notre colonie la source d'une industrie productive qu'il est bon de faire connaître et apprécier en France.

Rennes.

FERMAGE DES AUTRUCHES

INCUBATION ARTIFICIELLE (1)

AVENIR DE CETTE IMPORTANTE INDUSTRIE EN ALGÉRIE

I

A domestication de l'autruche, dit M. Oudot dans son intéressant et remarquable travail sur une industrie agricole qui peut doter l'Algérie d'une source presque inépuisable de richesses — industrie connue sous le nom de fermage des autruches, — remonte aux temps les plus reculés.... Il appartenait au génie moderne de reprendre cette conquête qui avait été abandonnée, et de faire de la domestication de l'autruche une exploitation de fermage aussi intéressante que lucrative.

» Avant la conquête de l'Algérie, c'est-à-dire avant que les Français eussent créé les grandes voies de communication qui relient les territoires du sud au littoral, on voyait chaque

(1) Extrait du volume le *Fermage des autruches en Algérie, — Incubation artificielle.* Paris, chez Challamel, 5, rue Jacob. 1880.

année, sur les Hauts-Plateaux qui séparent le Tell de la région des Oasis, de nombreux troupeaux d'autruches qui venaient pâturer, pondre et couver dans les bas-fonds couverts de plantes et de jeunes arbrisseaux. Mais, d'un caractère timide et craintif, recherchant la solitude, ces animaux se retirèrent à mesure que nous avancions, et aujourd'hui, on ne les rencontre plus sur notre territoire. Ce refoulement d'un oiseau utile vers les contrées inaccessibles du Touat et du Soudan, attira l'attention de la société d'acclimatation de Paris ; M. A. Chagot, dans l'intérêt de l'industrie de luxe dont son nom personnifie le progrès (1), offrit une prime considérable pour la reproduction de l'autruche en France, en Algérie et au Sénégal (2).

» Des essais infructueux furent tentés sur divers points, et on commençait à se décourager, lorsqu'un incident inattendu, qui se produisit au jardin d'essai d'Alger, vint prouver que le succès était possible : une autruche y pondit huit œufs, les couva, et, d'un de ces œufs, sortit un poussin vigoureux.

» L'année suivante (1860), plusieurs couples d'autruches furent placés au même jardin par les soins de son savant directeur M. Hardy, à qui fut décerné le prix Chagot, et plusieurs petits furent obtenus.

» Des tentatives du même genre faites à Florence, à Madrid, à Marseille et à Grenoble réussirent dans diverses proportions.

» De cette expérience, due à l'initiative de la France, naquit au profit des Anglais, établis au Cap, une large et lucrative exploitation. Comme il est arrivé trop souvent dans l'histoire de l'industrie moderne, « l'esprit français avait conçu et réalisé ce que l'esprit anglais devait pratiquer. »

» Dès 1865, la colonie du Cap possédait, réparties entre divers propriétaires, quatre-vingts autruches domestiques. Dix

(1) La fabrication des fleurs artificielles et la préparation des plumes.
(2) En 1857.

ans plus tard, ce nombre s'élevait à trente-deux mille deux cent quarante-sept (1) ; ce qui a fait du marché anglais, pour le commerce des plumes, le premier marché du monde.

» Or, ce succès prodigieux provient de deux faits : l'incubation naturelle et l'incubation artificielle.

» En effet, un couple adulte bien entretenu, sous le rapport de l'hygiène et de l'alimentation, doit donner, au minimum, par couple, quarante œufs par année, sur lesquels on ne peut distraire que dix à douze œufs au plus pour l'incubation naturelle. Il en résulte donc une perte de vingt-huit à trente œufs, vendus au commerce six ou huit francs pièce comme inutilisables, et qui servent à faire les objets de curiosité et d'ornementation que tout le monde connaît. C'est une perte sèche de 75 p.0/0 environ pour la reproduction. »

Ces chiffres posés, et si l'on considère que l'œuf non utilisé à l'incubation ordinaire, faute de couveuse et vendu six francs, donne un poussin qui, à l'âge de trois mois, vaut trois cents francs, et que ce poussin, devenu adulte à l'âge de trois ans, deviendra lui-même un reproducteur, on se rend compte par un simple calcul de progression de quelle importance est cette perte pour un parc de vingt-cinq couples adultes au bout de dix années ; et, au contraire, à combien peuvent s'élever les bénéfices, pour ce parc, pendant la même période, en pratiquant l'incubation artificielle, ou plutôt en employant simultanément les deux systèmes d'incubation.

Malheureusement les Anglais, inventeurs des premiers procédés d'incubation artificielle employés, en gardaient soigneusement le secret.

C'est à leur dérober ce secret, ou plutôt à trouver un procédé qui put rivaliser avec le leur que s'est appliqué M. Oudot, et il y est parvenu, grâce au concours que lui a prêté M. Charles Rivière, directeur actuel du jardin d'essai à

(1) En y comprenant les fermages des provinces de Natal et du Transwaal.

Alger et promoteur ardent, infatigable de la reproduction annuelle et constante des autruches en Algérie.

Déjà, et « grâce à sa persévérance et à l'intelligent appui qu'il a trouvé auprès de la société générale algérienne, propriétaire du jardin d'essai, M. Rivière a pu, non seulement satisfaire à toutes les nombreuses demandes des jardins publics de l'Europe, mais encore concourir presque seul à la formation des parcs des environs d'Alger, lesquels comptent plus de cent-vingt autruches de la plus belle espèce.

» Au moyen de cette réserve importante, l'Algérie peut posséder avant dix ans, par l'emploi des deux procédés d'incubation naturelle et artificielle, plus de quarante mille autruches, c'est-à-dire un cheptel représentant une valeur minimum de soixante millions de francs. »

Et qu'on ne pense pas que l'accroissement des autruches puisse diminuer la valeur de leur précieux produit; il est à croire, au contraire, que le fermage des autruches, par l'amélioration que les soins de l'homme apportent dans la beauté de leurs plumes, en augmentera la valeur.

Ainsi, au Cap, « la livre anglaise de plumes (trois cent soixante-treize grammes), qui valait, avant 1870, trois livres sterlings (soixante-quinze francs), se payait, en 1875, huit livres sterlings (deux cents francs) à Natal. Ces prix se sont maintenus et ont même progressé.

» D'ailleurs, il faut remarquer que les plumes d'autruche de Barbarie, c'est-à-dire de l'Algérie, occupent un rang bien supérieur à celles du Cap, dans le classement de ce produit sur les marchés ; qu'en conséquence, les plumes de l'Algérie se placeront toujours plus facilement et à des prix plus avantageux que celles du Cap ; enfin que le port d'Alger est rattaché aux ports du continent européen par des services quotidiens de steamers qui font la traversée en quelques heures, tandis que les ports de la colonie du Cap ne sont reliés à l'Angleterre que par des services bi-mensuels qui effectuent leur traversée en trente-cinq jours en moyenne.

» Toutes ces conditions réunies constituent pour notre colonie une industrie et des débouchés dont l'importance peut être dès à présent évaluée, d'ici à peu de temps, à plus de vingt millions de francs par année. »

Il y a là assurément une perspective de nature à enflammer le zèle des colons; toutefois, ce serait s'exposer à de cruelles déceptions que de croire que le fermage des autruches puisse être entrepris par le premier agriculteur venu, comme celui de tout autre cheptel. Il faut, pour y réussir, « étudier auparavant les mœurs et les habitudes de l'autruche. C'est faute de cette étude que nos premiers parcs en Algérie ont eu peu de succès et auraient même abouti à des résultats entièrement négatifs, si les promoteurs de cette entreprise n'avaient veillé sur leurs débuts et n'en avaient corrigé les errements. »

L'Algérie n'est pas seule avec le Cap, dans les conditions que réclame l'élevage de l'autruche; « le midi de la France, le Portugal, l'Espagne, l'Italie, la Grèce, la Turquie, l'Egypte, la Tunisie et le Maroc dans l'ancien continent, et dans le nouveau monde, le Brésil, le Mexique et les républiques hispano-américaines peuvent également chercher dans cette exploitation une nouvelle source de richesse.

II

Il ne saurait entrer ni dans notre plan, ni dans le but que se propose ce volume — lequel est de donner à nos jeunes lecteurs la biographie de Buffon et de leur faire apprécier ses œuvres par la connaissance de quelques-unes d'entre elles, — d'entrer dans le détail de l'appareil incubateur Oudot, non plus que dans celui de l'organisation des parcs d'autruches.

Ce que nous avons dit d'ailleurs suffit à éclairer une double question posée par Buffon lui-même : la domestication de l'autruche et les services de toute nature qu'on peut attendre de l'incubation artificielle, non seulement au point de vue de la reproduction sur une grande échelle de l'animal qui nous occupe, mais en général du peuplement de nos basses-cours, peuplement restreint, incertain, surtout pour de certaines espèces, par l'incubation ordinaire.

Nous arrêterions donc aux détails que nous venons de donner cet article, qui n'est à vrai dire qu'une sorte d'appendice dans notre ouvrage, si nous ne pensions que nos lecteurs seront curieux de connaître un trait de mœurs struthophages que rapporte M. Oudot.

« L'autruche, dit-il, s'apprivoise d'une manière complète et donne même des signes d'attachement et d'intelligence ; on en jugera par l'anecdote suivante :

» .... En 1868, on transporta sur la ferme modèle de Boukandoura, près d'Alger, une partie des autruches qui se trouvaient alors au jardin d'essai, sous la garde d'un vieux basque nommé Amestoy.

» Parmi ces autruches se trouvait un vieux mâle farouche qu'on appelait Malakoff, parce qu'il avait été donné au Jardin par le maréchal Pélissier.

» Malakoff était bourru, batailleur, toujours prêt à détacher un coup de pied aux gens paisibles qui venaient lui rendre visite (1).... Il n'aimait au monde qu'une personne : c'était son gardien Amestoy, qui le payait de retour.

(1) Le caractère de la femelle, chez l'autruche, diffère entièrement de celui du mâle, et, ce qui est rare parmi les animaux, dans lesquels l'amour et la défense des petits se rencontrent surtout chez la mère, c'est chez le mâle que cet amour semble être plus actif. Aussi, tandis qu'à l'heure du danger la femelle s'effraie, et dans son affolement abandonne tout et s'enfuit, le mâle tient tête et résiste non seulement aux chiens, aux bêtes féroces, mais à l'homme lui-même. On l'a vu, dit M. Oudot, sur le point d'être forcé, après une course vertigineuse, sans repos, se défendre contre le cheval et le cavalier, les assaillir jusqu'à ce qu'il tombât assommé d'un coup de bâton ou les os des jambes brisés.

» Vint le jour de la séparation ; Amestoy conduisit son ami Malakoff à la ferme de Boukandoura, et se sépara de son vieux coq avec un profond chagrin qui paraissait partagé, d'ailleurs, par Malakoff.

» La guerre de 1870 arriva ; la ferme de Boukandoura fut vendue, et le cheptel des autruches fut acquis des deniers personnels de M. Charles Rivière, qui avait élevé la plupart de ces autruches et ne voulait pas les laisser tomber aux mains des Juifs qui les eussent égorgées pour en vendre les dépouilles.

» Amestoy accompagna MM. Rivière et Maupas (1) pour aller prendre livraison des autruches. Au moment où il allait entrer dans le parc de son ancien pensionnaire, le gardien de Boukandoura, qui se tenait prudemment à distance, le pria de n'en rien faire avant de réunir du renfort, afin de se jeter sur l'oiseau indomptable et de l'entraver.

» Amestoy, coiffé de son berret légendaire, vêtu de sa veste historique, ne voulut rien entendre et s'avança dans le parc, sans tenir compte des objurgations du gardien de Boukandoura qui lui prédisait une volée de coups de pieds, dont il avait pu lui-même apprécier la vigueur en maintes occasions.

» Malakoff, surpris d'abord de voir un étranger violer son domicile, accourut du fond de l'enclos, la tête haute, les ailes au vent, faisant claquer son bec, la jambe alerte prête à se détendre comme un ressort sur les os du pauvre Amestoy, qui ne pouvait, et pour cause, offrir aucune partie charnue à son adversaire.

» Amestoy, suivant son habitude, se fit reconnaître par quelques jurons bien sentis ; on vit alors Malakoff s'arrêter dans son élan, tourner autour de son ancien gardien, son vieil ami ; puis s'approcher de lui avec les marques de la plus grande joie, et enfin appuyer son long cou sur l'épaule de l'excellent homme qui, à son tour, le caressa en pleurant, et

(1) Archiviste de la bibliothèque d'Alger.

l'amena sans entraves au jardin d'essai, où il le réintégra dans son ancien parc.

» Ce fait est caractéristique et mérite d'être consigné ; il démontre à la fois la mémoire de l'autruche et son attachement après plus de deux années de séparation. »

Pélican.

LES ANIMAUX DOMESTIQUES

Rendons la parole à Buffon : L'homme, dit-il, change l'état naturel des animaux en les forçant à lui obéir et en les faisant servir à son usage : un animal domestique est un esclave dont on s'amuse, dont on se sert, dont on abuse, qu'on altère, qu'on dépayse et que l'on dénature, tandis que l'animal sauvage, n'obéissant qu'à la nature, ne connaît d'autres lois que celle du besoin et de la liberté.

L'histoire d'un animal sauvage est donc bornée à un petit nombre de faits émanés de la simple nature, au lieu que l'histoire d'un animal domestique est compliquée de tout ce qui a rapport à l'art qu'on emploie pour l'apprivoiser ou pour le subjuguer; et comme on ne sait pas assez combien l'exemple, la contrainte, la force de l'habitude peuvent influer sur les animaux et changer leurs mouvements, leurs déterminations, leurs penchants, le but d'un naturaliste doit être de les observer assez pour pouvoir distinguer les faits qui dépendent de l'instinct de ceux qui ne viennent que de l'éducation ; reconnaître ce qui leur appartient et ce qu'ils ont emprunté, séparer ce qu'ils font et ce qu'on leur fait faire, et ne jamais confondre l'animal avec l'esclave, la bête de somme avec la créature de Dieu.

L'empire de l'homme sur les animaux est un empire légitime qu'aucune révolution ne peut détruire ; c'est l'empire de l'esprit sur la matière ; c'est non seulement un droit de nature, un

pouvoir fondé sur des lois inaltérables, mais c'est encore un
don de Dieu par lequel l'homme peut reconnaître à tout instant
l'excellence de son être ; car ce n'est pas parce qu'il est le plus
parfait, le plus fort ou le plus adroit des animaux qu'il leur
commande. S'il n'était que le premier du même ordre, les
seconds se réuniraient pour lui disputer l'empire ; mais c'est
par sa supériorité de nature que l'homme règne et commande :
il pense, et, dès lors, il est maître des êtres qui ne pensent
point.

Il est maître des corps bruts qui ne peuvent opposer à sa
volonté qu'une lourde résistance ou qu'une inflexible dureté
que sa main sait toujours surmonter et vaincre, en les faisant
agir les uns contre les autres ; il est maître des végétaux que,
par son industrie, il peut augmenter, diminuer, renouveler,
dénaturer, détruire ou multiplier à l'infini ; il est maître des
animaux parce que non seulement il a comme eux du mouvement et du sentiment, mais qu'il a de plus la lumière de
la pensée, qu'il connaît les fins et les moyens, qu'il sait diriger
ses actions, convertir ses opérations, mesurer ses mouvements,
vaincre la force par l'esprit et la vitesse par l'emploi du temps.

Cependant parmi les animaux, les uns paraissent être plus
ou moins familiers, plus ou moins sauvages, plus ou moins
doux, plus ou moins féroces. Que l'on compare la docilité et
la soumission des chiens avec la fierté et la férocité du tigre :
l'un paraît être l'ami de l'homme, et l'autre son ennemi. Son
empire sur les animaux n'est donc pas absolu ; combien d'espèces savent se soustraire à sa puissance par la rapidité de
leur vol, par la légèreté de leur course, par l'obscurité de
leur retraite, par la distance que met entre eux et l'homme
l'élément qu'ils habitent ! Combien d'autres espèces lui échappent par leur seule petitesse ! et enfin combien y en a-t-il qui,
bien loin de reconnaître leur souverain, l'attaquent à force
ouverte, sans parler de ces insectes qui semblent l'insulter
par leurs piqûres, de ces serpents dont la morsure porte le

poison et la mort, et de tant d'autres bêtes immondes qui semblent n'exister que pour former la nuance entre le mal et le
bien, et faire sentir à l'homme combien, depuis sa chute, il
est peu respecté.

C'est qu'il faut distinguer l'empire de Dieu du domaine de
l'homme : Dieu, créateur des êtres, est seul maître de la nature ;

Serpent à sonnettes.

l'homme ne peut rien sur le produit de la création ; il ne peut
rien sur les mouvements des corps célestes, sur les révolutions
de ce globe qu'il habite ; il ne peut rien sur les animaux, les
végétaux, les minéraux en général ; il ne peut rien sur les
espèces ; il ne peut que sur les individus, car les espèces en
général et la nature en bloc appartiennent à la nature ou

plutôt la constituent. Tout se passe, se suit, se succède, se renouvelle et se meut par une puissance irrésistible. L'homme, entraîné lui-même par le torrent des temps, ne peut rien pour sa propre durée ; lié par son corps à la matière, enveloppé dans le tourbillon des êtres, il est forcé de subir la loi commune ; il obéit à la même puissance, et comme tout le reste, il naît, croît et périt.

Mais le rayon divin, dont l'homme est animé, l'ennoblit et l'élève au-dessus de tous les êtres matériels ; cette substance spirituelle, loin d'être sujette à la matière, a le droit de la faire obéir ; et quoiqu'elle ne puisse pas commander à la nature entière, elle domine sur les êtres particuliers.

Dieu, source unique de toute lumière et de toute intelligence, régit l'univers et les espèces entières avec une puissance infinie ; l'homme, qui n'a qu'un rayon de cette intelligence, n'a de même qu'une puissance limitée à de petites portions de matières, et n'est maître que des individus.

C'est donc par les talents de l'esprit, et non par la force et par les autres qualités de la matière, que l'homme a pu subjuguer les animaux : dans les premiers temps, ils devaient être tous également indépendants ; l'homme, devenu criminel et féroce, était peu propre à les apprivoiser ; il a fallu du temps pour les approcher, pour les reconnaître, pour les choisir, pour les dompter ; il a fallu qu'il fût civilisé lui-même pour savoir instruire et commander, et l'empire sur les animaux, comme tous les autres empires, n'a été fondé qu'après la société.

C'est d'elle que l'homme tient sa puissance ; c'est par elle qu'il a perfectionné sa raison, exercé son esprit et réuni ses forces ; auparavant l'homme était peut-être l'animal le plus sauvage et le moins redoutable de tous, nu, sans armes et sans abri ; la terre n'était pour lui qu'un vaste désert, peuplé de monstres dont souvent il devenait la proie ; et même longtemps après, l'histoire nous dit que les premiers héros n'ont été que des destructeurs de bêtes.

Mais lorsque, avec le temps, l'espèce humaine s'est étendue, multipliée, répandue et qu'à la faveur des arts et de la société, l'homme a pu marcher en force pour conquérir l'univers, il a fait reculer peu à peu les bêtes féroces ; il a purgé la terre de ces animaux gigantesques dont nous trouvons encore les ossements énormes ; il a détruit ou réduit à un petit nombre d'individus les espèces voraces et nuisibles ; il a opposé les animaux aux animaux, et, subjuguant les uns par adresse, domptant les autres par la force ou les écartant par le nombre, et les attaquant tous par des moyens raisonnés, il est parvenu à se mettre en sûreté et à établir un empire qui n'est borné que par les lieux inaccessibles, les solitudes reculées, les sables brûlants, les montagnes glacées, les cavernes obscures qui servent de retraites au petit nombre d'espèces d'animaux indomptables.

.... Considérons en particulier quelques-uns des animaux dont l'éducation occupe l'homme.

LE TAPIR

Le tapir est l'animal le plus grand de l'Amérique, de ce nouveau monde où la nature vivante semble s'être rapetissée, ou plutôt n'avoir pas eu le temps de parvenir à ses plus hautes dimensions.

Au lieu des masses colossales que produit la terre antique de l'Asie, au lieu de l'éléphant, du rhinocéros, de l'hippopotame, de la girafe et du chameau, nous ne trouvons dans ces terres nouvelles que des sujets modelés en petit, des tapirs, des lamas, des vigognes, des cabiais, tous vingt fois plus petits que ceux qu'on doit leur comparer dans l'ancien continent ; et non seulement la matière est ici prodigieusement épargnée, mais les formes mêmes sont imparfaites et paraissent avoir été négligées ou manquées.

Les animaux de l'Amérique méridionale, qui seuls appartiennent en propre à ce nouveau continent, sont presque tous sans défenses, sans cornes et sans queue. Leur figure est bizarre ; leur corps et leurs membres mal proportionnés, mal mis ensemble, et quelques-uns, tels que les fourmilliers et les paresseux, sont d'une nature si misérable qu'ils ont à peine les facultés de se mouvoir et de manger ; ils traînent avec douleur une vie languissante dans la solitude du désert, et ne pourraient subsister dans une terre habitée où l'homme et les animaux puissants les auraient bientôt détruits.

Le tapir est de la grandeur d'une petite vache ou d'un zèbre, mais sans cornes et sans queue, les jambes courtes, le corps arqué, comme celui du cochon, portant une livrée dans sa jeunesse comme le cerf, et ensuite un pelage uniforme d'un brun foncé ; la tête grosse et longue avec une espèce de trompe comme le rhinocéros ; deux dents incisives et dix molaires à chaque mâchoire, caractère qui le sépare tout à fait du bœuf et des autres ruminants. Quoique amphibie et restant plus souvent dans l'eau que sur la terre, le tapir ne se nourrit pas plus de poissons qu'il n'est carnassier, bien qu'il ait la gueule armée de vingt dents incisives et tranchantes.

Il vit de plantes et de racines et ne se sert pas de ses armes contre les autres animaux ; il est d'un naturel doux, timide, et fuit tout combat, tout danger ; avec les jambes courtes et le corps massif, il ne laisse pas de courir assez vite, et il nage encore mieux qu'il ne court.

Il marche d'ordinaire en compagnie et quelquefois en grande troupe. Son cuir est d'un tissu très ferme et si serré que souvent il résiste à la balle. Sa chair est fade et grossière; cependant les Indiens la mangent. On le trouve communément au Brésil, au Paraguay, à la Guyane et dans toute l'étendue de l'Amérique méridionale, depuis l'extrémité du Chili jusqu'à la Nouvelle-Espagne.

Cet animal, qu'on peut regarder comme l'éléphant du Nouveau-Monde, ne le représente néanmoins que très imparfaitement par la forme, et encore moins par la grandeur.

On voit que l'espèce de trompe que porte le tapir n'est qu'un vestige ou rudiment de celle de l'éléphant, et cependant c'est le seul caractère de conformation par lequel on puisse dire que le tapir ressemble à l'éléphant. Les plus gros de ces animaux pèsent cinq cents livres; or, ce poids est dix fois

Éléphant.

moindre que celui d'un éléphant de taille ordinaire. On n'aurait certainement jamais pensé à comparer deux animaux aussi disproportionnés, si le tapir, indépendamment de cette espèce de trompe, n'avait pas quelques habitudes semblables à celles de l'éléphant.... Il fuit de même le voisinage des lieux habités et demeure aux environs des marécages et des rivières qu'il traverse souvent pendant le jour et même pendant la nuit. La femelle se fait suivre par son petit et l'accoutume de bonne heure à entrer dans l'eau, où il plonge, et il joue devant sa mère, qui semble lui donner des leçons pour cet exercice. Le père n'a point de part à cette éducation....

Les tapirs n'ont pas d'autre cri qu'une espèce de sifflet vif
et aigu que les chasseurs et les sauvages imitent assez parfaitement pour les faire approcher et les tirer de près.

La mère paraît avoir grand soin de son petit ; non seulement
elle lui apprend à nager, jouer et plonger dans l'eau, mais
encore, lorsqu'elle est à terre, elle s'en fait constamment suivre.
Si le petit reste en arrière, elle retourne de temps en temps sa
trompe, dans laquelle est placé l'organe de l'odorat, pour sentir
s'il suit ou s'il est trop éloigné, et, dans ce cas, elle l'appelle et
l'attend pour se remettre en marche.

On en élève en domesticité à Cayenne.

LE CABIAI

Le cabiai n'est point un cochon comme l'ont prétendu les
naturalistes et les voyageurs. Il ne lui ressemble même que
par de petits rapports et en diffère par de grands caractères :
il ne devient jamais aussi grand ; le plus gros cabiai est à peine
égal à un cochon de dix-huit mois. Il a la tête plus courte, la
gueule beaucoup moins fendue, les dents et les pieds tout
différents, des membranes entre les doigts, point de queue ni
de défenses ; les yeux plus grands, les oreilles plus courtes, et
il en diffère encore autant par la nature et les mœurs que par
la conformation.

Il habite souvent dans l'eau où il nage comme une loutre,
à laquelle il ressemble par ses mœurs et ses habitudes, y
cherche de même sa proie, et vient manger au bord le poisson
qu'il prend et qu'il saisit avec la gueule et avec les ongles ; il
mange aussi les grains des fruits et des cannes à sucre.

Comme ses pieds sont longs et plats, il se tient souvent assis
sur ceux de derrière.

Son cri est plutôt un braiement comme celui de l'âne qu'un grognement comme celui du cochon. Il ne marche d'ordinaire que la nuit et presque toujours en compagnie, sans s'éloigner du bord des eaux ; car, comme il court mal à cause de ses longs pieds et de ses jambes courtes, il ne pourrait trouver son salut dans la fuite ; et pour échapper à ceux qui le chassent, il se jette à l'eau, y plonge et va sortir au loin, ou bien il y demeure si longtemps qu'on perd l'espérance de le revoir.

Sa chair est grasse et tendre ; mais elle a plutôt, comme celle de la loutre, le goût d'un mauvais poisson que celui d'une bonne viande.

.... D'un naturel tranquille et doux, le cabiai ne fait ni mal, ni querelle aux autres animaux ; on l'apprivoise sans peine ; il vient à la voix et suit assez volontiers ceux qu'il connaît et qui l'ont bien traité.

LE LAMA

Il est assez singulier que, quoique le lama soit domestique au Pérou, au Mexique, au Chili, comme les chevaux le sont en Europe, ou les chameaux en Arabie, nous le connaissions à peine.... Il est cependant probable qu'ils réussiraient aussi bien *sur nos Pyrénées et sur nos Alpes* que sur les Cordilières.

Le Pérou, selon Grégoire de Bolivar, est le pays natal, la vraie patrie des lamas. On les voit, à la vérité, dans d'autres provinces, comme à la Nouvelle-Espagne, mais c'est plutôt pour la curiosité que pour l'utilité ; au lieu que dans toute l'étendue du Pérou, depuis Potosi jusqu'à Caracas, ces animaux sont en très grand nombre. Ils sont aussi de la plus grande nécessité; ils font seuls toute la richesse des Indiens et contribuent beau-

coup à celle des Espagnols. Leur chair est bonne à manger;
leur poil est une laine fine d'un excellent usage, et pendant
toute leur vie, ils servent constamment à transporter toutes les
denrées du pays ; leur charge ordinaire est de cent cinquante
livres, et les plus forts en portent jusqu'à deux cent cinquante ;
ils font des voyages assez longs dans des pays inextricables
pour tous les autres animaux ; ils marchent assez lentement,
et ne font que quatre à cinq lieues par jour.... Leur naturel
paraît être modelé sur celui des Américains : ils sont doux et
flegmatiques, et font tout avec poids et mesure. Lorsqu'ils
voyagent et qu'ils veulent s'arrêter pour quelques instants, ils
plient les genoux avec la plus grande précaution et baissent le
corps en proportion afin d'empêcher leur charge de tomber
ou de se déranger; et dès qu'ils entendent le coup de sifflet de
leur conducteur, ils se relèvent avec les mêmes précautions
et se remettent en marche.

Ils broutent chemin faisant et partout où ils trouvent de
l'herbe, mais jamais ils ne mangent la nuit... Ils dorment
appuyés sur la poitrine, les pieds repliés sous le ventre, et
ruminent même dans cette position.

Lorsqu'on les excède de travail et qu'ils succombent une
foix sous le faix, il n'y a nul moyen de les faire relever; on
les frappe inutilement.... Ils s'obstinent à demeurer au lieu
même où ils sont tombés, et si on les maltraite, ils se déses-
pèrent et se tuent en battant la terre à droite et à gauche avec
leur tête. Ils ne se défendent ni des pieds, ni des dents,
et n'ont pour ainsi dire d'autres armes que celles de l'indi-
gnation ; ils crachent à la face de ceux qui les insultent, et l'on
prétend que cette salive, qu'ils lancent dans la colère, est âcre
et mordillante au point de faire lever des ampoules sur la peau.

.... Leur accroissement est assez prompt, et leur vie n'est
pas bien longue. Ils restent en pleine vigueur de trois à douze
ans, et dépérissent ensuite, de sorte qu'à quinze ans ils sont
complètement usés.

Le lama est haut d'environ quatre pieds, et son corps, y
compris le cou et la tête, en a cinq ou six de longueur ; le
cou seul a près de trois pieds de long. Cet animal a la tête bien
faite, les yeux grands, le museau peu allongé, les lèvres
épaisses, la supérieure fendue et l'inférieure un peu pendante ;
il manque de dents incisives et canines à la mâchoire supérieure. Les oreilles sont longues de quatre pouces ; il les
porte en avant, les dresse et les remue avec facilité. La queue

Lama.

n'a guère plus de huit pouces de long ; elle est droite, menue
et un peu relevée. Les pieds sont fourchus comme ceux du
bœuf, mais ils sont surmontés d'un éperon en arrière qui aide
l'animal à se retenir et à s'accrocher dans les pas difficiles.
Il est couvert d'une laine courte sur le dos, la croupe et la
queue, mais fort longue sur les flancs et sous le ventre.... Ils
varient par les couleurs ; il y en a de blancs, de noirs et de
mêlés....

La chair des jeunes est très bonne à manger ; celle des vieux
est sèche et trop dure ; en général, celle des lamas domestiques
est bien meilleure que celle des sauvages, et leur laine est
beaucoup plus douce.... Ces animaux si utiles ne coûtent ni
entretien, ni nourriture ; comme ils ont le pied fourchu, il
n'est pas nécessaire de les ferrer ; la laine épaisse dont ils sont
couverts dispense de les bâter ; ils n'ont besoin ni de grain,
ni d'avoine, ni de foin, l'herbe verte qu'ils broutent eux-
mêmes leur suffit, et ils n'en prennent qu'en petite quantité ;
ils sont encore plus sobres sur la boisson ; ils s'abreuvent de
leur salive qui, dans cet animal, est plus abondante que dans
aucun autre....

Alpaca.

LES VIGOGNES ET LES ALPACAS

Les vigognes ou pacos sont aux lamas une espèce succursale à peu près comme l'âne l'est au cheval. Elles sont plus petites et moins propres au service, mais plus utiles par leur dé-

Yack.

pouille. La longue et fine laine dont elles sont couvertes est une marchandise de luxe aussi chère, aussi précieuse que la soie.

On appelle alpacas les vigognes domestiques. Les alpacas
sont d'ordinaire tout noirs ; quelquefois cependant ils sont d'un
brun mêlé de fauve.

Nous devons sentir par ces exemples jusqu'où s'étend pour
nous la libéralité de la nature : nous n'usons pas à beaucoup
près de toutes les richesses qu'elle nous offre.

Le fonds en est bien plus immense que nous ne l'imaginons ;
elle nous a donné le cheval, le bœuf, la brebis, tous nos autres
animaux domestiques pour nous servir, nous nourrir, nous
vêtir ; et elle a encore des espèces de réserves, telles par
exemple que l'yack, qui pourraient suppléer à leur défaut
et qu'il ne tiendrait qu'à nous d'assujettir et de faire servir à
nos besoins.

L'homme ne sait pas assez ce que peut la nature, ni ce qu'il
peut sur elle ; au lieu de la rechercher dans ce qu'il ne
connaît pas, il aime mieux en abuser dans tout ce qu'il en
connaît !

FIN

TABLE DES MATIÈRES

TABLE ANALYTIQUE DES VIGNETTES

CONTENUES DANS CE VOLUME

AGAMI. — Oiseau d'Amérique, qui peut être réduit à l'état domestique et dressé à la garde des troupeaux.

AIGLE. — L'*aigle* est le plus grand, le plus fort, le plus courageux des oiseaux de proie; c'est aussi celui dont le vol s'élève le plus haut et dont la vue est la plus perçante; de là le choix qu'on en a fait pour symboliser la puissance et le génie. On appelle *aiglon* le petit de l'aigle.

EIDER. — Oiseau de l'ordre des palmipèdes que sa taille et sa force ont fait surnommer *aigle de mer*, bien qu'il se rapproche beaucoup plus de l'oie que de l'aigle. C'est son duvet qui fournit l'édredon.

ALPACA. — Quadrupède du genre des lamas, dont la laine est très brillante; on étend le nom d'alpaca à l'étoffe souple et lustrée faite avec la laine de cet animal.

AUTRUCHE. — Le plus grand des oiseaux de l'ordre des échassiers.

LAMA. — Quadrupède ruminant de la taille d'un petit cheval. Le lama était, au Pérou, la seule bête de somme, avant la conquête de ce pays par les Espagnols.

LION. — Mammifère de l'ordre des carnassiers, de la famille des carnivores, qui habite particulièrement l'Afrique.

LORIOT. — Oiseau de l'ordre des passereaux et de la grosseur à peu près du merle.

MARTINET. — Espèce d'hirondelle à très longues ailes.

MARTIN-PÊCHEUR. — Oiseau de rivage, d'une belle couleur bleue sur le dos et roussâtre en dessous.

MÉSANGE. — La mésange est parmi nos petits oiseaux un des plus grands destructeurs d'insectes que l'on connaisse. A ce titre, et à cause aussi de sa gentillesse, il mérite d'être protégé.

MORSE. — Ce mammifère amphibie, de la famille des carnivores, fréquente les côtes de la mer glaciale.

OISEAU DE PARADIS — Oiseau des Indes, dont les flancs ont des faisceaux de longues plumes effilées.

PAON. — Ce grand oiseau de l'ordre des gallinacées, dont le cri est aussi désagréable que son plumage est éclatant et beau, a été long-temps en Europe le symbole de la puissance. A ce titre, le droit d'en élever et d'en conserver chez soi était une des prérogatives de la noblesse. On trouve ce même usage en vigueur encore dans certains états de l'extrême Orient.

PÉLICAN. — Oiseau aquatique, de l'ordre des palmipèdes, dont le bec, très large, est remarquable, en outre, par une poche, dont l'ouverture est entre les deux branches osseuses qui forment sa mandibule inférieure, et dans laquelle il met en réserve des aliments pour lui et pour ses petits. On fait du pélican le symbole de l'amour paternel, parce qu'on a cru que cet oiseau nourrissait ses petits de son propre sang.

PORC-ÉPIC. — Quadrupède de l'ordre des rongeurs, dont tout le corps est armé de piquants qu'il dresse pour se défendre.

RAT. — Petit quadrupède mammifère de l'ordre des rongeurs, à museau pointu, à queue longue, mince et sans poils, dont *la dent meurtrière* est un des plus cruels fléaux de nos champs, de nos greniers, de nos habitations.

RENNE. — Quadrupède mammifère du même genre que le cerf, remarquable par sa sobriété et sa résistance à la fatigue. Quelques brins de lichen appaisent la faim de ce précieux auxiliaire des habitants des régions hyperboréennes, pour lesquels il remplace les races laitières et celles des bêtes dites de trait ou de somme, dont aucune variété ne pourrait supporter les rudes et longs hivers de ces terres désolées.

ROSSIGNOL. — Petit oiseau à bec fin et à plumage grisâtre, dont le chant qui surpasse celui de tous les autres oiseaux, ne se fait malheureusement entendre qu'au printemps et au commencement de l'été.

ROUGE-GORGE. — Petit oiseau à bec fin qui a la gorge et la poitrine rouges. Cet excellent chanteur est, comme le rossignol, un grand et utile destructeur d'insectes.

ROUSSETTE. — Grande chauve-souris des Indes-Orientales et des îles d'Afrique. — Le nom de *roussette* est également donné en zoologie à une espèce de squale ou chien de mer, dont la peau est très recherchée par les gainiers qui s'en servent pour recouvrir des étuis, des écrins, etc.

SERPENT A SONNETTES. — Ce serpent, qui porte le nom de *crotale*, constitue une des espèces les plus venimeuses de ces reptiles. Sa morsure est presque toujours mortelle.

SERPENT-BOA. — Le plus grand des serpents connus.

VAUTOUR. — Cet oiseau de proie qui est, dans nos climats, le plus grand et le plus fort après le grand aigle, se distingue à première vue des aigles ordinaires par sa tête et son cou dépourvus de plumes.

YACK. — Ce mammifère, sorte de buffle à queue soyeuse, est originaire du Thibet.

— Lille. Typ. J. Lefort. 1884 —